二维过渡金属二硫属化合物的电化学储能应用

黄克靖　武旭　曹晓雨　著

北　京

冶金工业出版社

2018

内 容 提 要

本书内容涉及二维过渡金属二硫属化合物纳米材料的类型、物理化学性质、主要制备方法和在电化学储能中的应用等,重点介绍了二维过渡金属二硫属化合物纳米材料的制备方法和在锂电、锂硫、钠电、超级电容器和电化学催化析氢等方面的应用。

本书可供材料、化学、物理、储能等领域的科研人员阅读,也可供大专院校有关专业师生参考。

图书在版编目(CIP)数据

二维过渡金属二硫属化合物的电化学储能应用/黄克靖,武旭,曹晓雨著. —北京:冶金工业出版社,2018.9
ISBN 978-7-5024-7877-3

Ⅰ.①二… Ⅱ.①黄… ②武… ③曹… Ⅲ.①过渡金属化合物—二硫化物—电化学—储能—研究 Ⅳ.①TG662

中国版本图书馆 CIP 数据核字(2018)第 217343 号

出 版 人 谭学余
地　　址 北京市东城区嵩祝院北巷 39 号 邮编 100009 电话 (010)64027926
网　　址 www.cnmip.com.cn 电子信箱 yjcbs@cnmip.com.cn
责任编辑 张熙莹 美术编辑 彭子赫 版式设计 孙跃红 禹 蕊
责任校对 李 娜 责任印制 牛晓波
ISBN 978-7-5024-7877-3
冶金工业出版社出版发行;各地新华书店经销;三河市双峰印刷装订有限公司印刷
2018 年 9 月第 1 版,2018 年 9 月第 1 次印刷
169mm×239mm;10.5 印张;205 千字;160 页
49.00 元

冶金工业出版社 投稿电话 (010)64027932 投稿信箱 tougao@cnmip.com.cn
冶金工业出版社营销中心 电话 (010)64044283 传真 (010)64027893
冶金书店 地址 北京市东四西大街46号(100010) 电话 (010)65289081(兼传真)
冶金工业出版社天猫旗舰店 yjgycbs.tmall.com
(本书如有印装质量问题,本社营销中心负责退换)

前　言

　　科技的进步推动了社会经济的高速发展，同时也导致了一系列的社会矛盾，例如能源枯竭和环境恶化，已成为制约人类社会可持续发展的两个重要问题。目前，煤、石油和天然气等化石能源每年的消耗量占全球能源总消耗量的85%以上，而化石能源储量有限，人类对能源的需求增长和对化石能源无节制地开采，必将导致化石能源枯竭的窘境，因此急需探索新能源体系。可再生能源具有天然的自我再生功能，是人类取之不尽用之不竭的能源。可再生能源包括太阳能、风能、潮汐能、水能、地热能、海洋能、生物质能等，但由于这些新能源体系具有很强的地域性和间歇性，使得其有效的利用面临着许多技术问题。因此，寻求更加便捷和快速的储能方式来应对能源危机已经成为全球范围内的共识。目前，储能方式主要分为机械储能、电化学储能、电磁储能和相变储能这四类。与其他储能方式相比，电化学储能具有效率高、投资少、应用灵活及使用安全等特点。而电化学储能体系又可分为超级电容器和二次电池，二次电池主要包括铅酸电池、镍镉电池、锂离子电池、钠离子电池以及近年兴起的锂硫电池。而电化学储能体系中，材料的创新是实现其技术进步和性能改善的关键。

　　近年来，以石墨烯为代表的二维纳米材料的研究有了长足的进步，推动了能源转换、能量存储等领域的快速发展。相比于传统的三维体相材料，二维纳米结构具有更大的比表面积、特殊的电子结构、更高的表面载流子传输速率以及良好的力学性能等特点。而作为另一种典型二维纳米材料，二维过渡金属硫属化合物纳米材料，由于其独特的电子结构、物理化学性质以及广泛的应用前景，也引起了研究者们极大的兴趣。过渡金属硫属化合物有着丰富的元素储量，而相对于块体，它的二维纳米结构具有更为突出的电子特性，易于调节的晶体结构和电子结构，为进一步调控和改善其电化学性能提供了良好的条件，且为探索新型能源材料提供了理想的模型与崭新的平台，近年来，已被广泛应用在电化学储能中。

本书主要介绍了二维过渡金属二硫属化合物纳米材料的类型、物理化学性质、主要制备方法和在电化学储能中的应用等，重点介绍了二维过渡金属二硫属化合物纳米材料的制备方法和在锂电、锂硫、钠电、超级电容器和电化学催化析氢等方面的应用。

本书是作者在对国内外大量文献的分析、学习基础上结合自己的科研工作编写而成的，是作者不断学习和总结的成果，希望对有关科研人员提供一定的帮助和借鉴。

研究生陈颖旭、邢灵莉、谢星辰和翟子波参与了本书部分章节的撰写，本书的出版得到了国家自然科学基金项目（21475115）、河南省高校科技创新团队支持计划项目（15IRTSTHN001）、河南省创新型科技团队项目（C20150026）、河南省自然科学基金资助项目（162300410230）、信阳师范学院南湖学者以及青年南湖学者计划项目和河南省科技合作计划项目（172106000064）的资助，在此谨表衷心的感谢。

由于作者水平所限，不足之处，敬请广大读者批评指正。

黄克靖

2018 年 6 月

目　录

1 绪 论

1.1 二维过渡金属二硫属化合物基础知识

近年来，以石墨烯为代表的二维纳米材料的研究有了长足的进步，推动了能源转换、能量存储等领域的快速发展[1]。相比于传统的三维体相材料，二维纳米结构具有更大的比表面积、特殊的电子结构、更高的表面载流子传输速率以及良好的力学性能等特点。而作为另一种典型二维纳米材料，二维过渡金属二硫属化合物（transition-metal dichalcogenides，TMDCs）纳米材料，由于其独特的电子结构、物理化学性质以及广泛的应用前景，近来引起了研究者们极大的兴趣[2, 3]。过渡金属硫属化合物有着丰富的元素储量，而相对于块体，它的二维纳米结构具有更为突出的电子特性、易于调节的晶体结构和电子结构，为进一步调控和改善其电化学性能提供了良好的条件，且为探索新型能源材料提供了理想的模型与崭新的平台[4]。

1.1.1 硫属化合物的原子结构

硫属化合物一般指至少含有一个ⅥA族S、Se、Te元素离子的化合物，它们具有独特的成键特点，使得它们的种类和复杂性都远远超过其他元素。例如S原子电子层结构为$3s^2 3p^4$，但是空的$3d$轨道在能级上与$3s$和$3p$轨道能级十分相近，也可参与成键。这使得S原子既可以从较小电负性的元素中得到2个电子形成S^{2-}离子，又能与较大电负性的原子共用电子形成含两个共价单键的共价化合物，还能借助有效的d轨道和电负性较大的元素形成氧化数为+4和+6的化合物[5]。这使得它们极易与过渡金属形成共价型硫化物，而金属与金属间也相对容易成键，且具有$3d$价电子壳层结构，这些复杂的键合作用赋予了它们极为复杂的电学性质和在光、电、磁、催化等方面特殊的性质。例如这些化合物可以体现为绝缘体、半导体、电子导体甚至是超导体[6~9]。

1.1.2 二维过渡金属二硫属化合物的结构特性

由于非层状过渡金属二硫化物的$3d$价电子壳层结构使得它们也具有一些奇特的物理化学性质，因此非层状过渡金属二硫化物如FeS_2、NiS_2、CoS_2、$NiSe_2$等也引起了人们的关注[10]。一般这类化合物具有黄铁矿和白铁矿或类似结构，它们的晶体结构如图 1.1 所示。典型的立方相黄铁矿型晶体结构是立方相结构。金属原子与周围的 6 个硫原子构成八面体配位，硫原子则与周围的 3 个金属原子和 1 个硫原子构成四面体配位，为 $Pa3$ 空间群。而在白铁矿结构中，键长三三一致，空间群为 $Pnnm$（D_{2h}^{12}）。FeS_2 常被用于太阳能电池吸收材料[11]，$NiSe_2$ 和 $FeSe_2$ 为顺磁性泡利金属，CoS_2 是一种铁磁材料，NiS_2 则为反铁磁半导体[12,13]，$CoSe_2$ 近年来则常被嵌入锂元素或用于催化反应，在能源存储和转换上具有潜在价值。

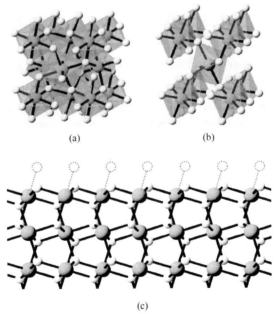

(a)   (b)

(c)

图 1.1　黄铁矿（a）和白铁矿（b）的晶体结构以及 FeS_2 的侧视图（c）

二维过渡金属二硫属化合物（TMDCs）是一个庞大的材料家族，可以用化学式 MX_2 来表示，其中 M 为过渡金属元素，主要包括元素周期表中的第四副族（Ti、Zr、Hf）、第五副族（V、Nb、Ta）和第六副族（Mo、W）等元素，而 X 则代表的是硫属元素（S、Se、Te）（见图 1.2）。

尽管目前在自然界中发现的不同种类的过渡金属二硫属化合物已多达 40 多种，但不是所有的过渡金属二硫属化合物都是层状结构。"单层"指的是一个六边形面内排列的金属原子被两层同样是六边形排列的硫族元素原子夹在中间形成的三明治结构，其中金属元素的化合价是+4 价，而硫族元素的化合价为-2 价。如图 1.3 所示[14]，层状过渡金属二硫属化合物材料的结构类似于石墨结构，每一层的厚度约为 0.6~0.7nm，层内通过很强的共价键连接，而层间是通过范德华力作用连接的。这类晶体结构的三明治单元层状结构内部的 M 原子相对于 X

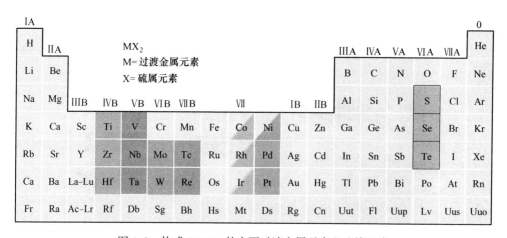

图 1.2　构成 TMDCs 的主要过渡金属元素和硫族元素

(图中深灰的过渡金属（Ti、Zr、Hf、V、Nb、Ta、Mo、W、Tc、Re、Pd、Pt）硫属
化合物的主要晶体结构为层状结构；半亮半灰的（Co、Rh、Ir、Ni）
硫属化合物只有部分为层状结构)

原子的位置有所区别。根据单元层内部对称性和层间堆垛方式不同，过渡金属硫属化合物材料的晶格结构主要有 1T（tetragonal）、2H（hexagonal）、3R（rhombohedral）类型（见图 1.4)[15]。

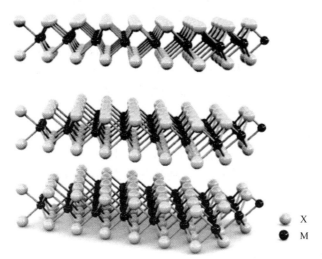

图 1.3　二维过渡金属硫属化合物的晶体结构示意图

由图 1.4 可知，1T 结构中，M 原子与 X 原子呈八面体配位，具有 D_{3d} 空间点群结构，此类层状化合物被称为 1T-MX_2。2H 结构中，M 原子与 X 原子呈三棱柱配位，具有 D_{3h} 空间点群结构，此类化合物被定义为 2H-MX_2。而 3R 结构中，单层三明治结构的配位方式与 2H 相同，只是层与层之间的堆叠方式有所差

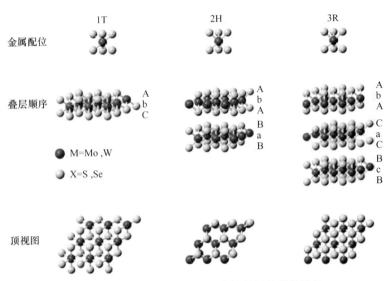

图 1.4   二维过渡金属硫属化合物材料的晶格结构

异。虽然三类晶体结构类似，但在层状过渡金属硫属化合物材料家族中，体相材料的性能有着很大的差别。比如说，NbS_2 和 VSe_2 具有金属性，WTe_2 和 $TiSe_2$ 为半金属体，MoS_2 和 WS_2 为半导体，而 HfS_2 为绝缘体[8,16]。以 MoS_2 为例，它是辉钼矿的主要成分，通常呈银灰色光泽的黑色六方晶系结晶粉末，常压下熔点为 1185℃，密度为 5.06g/cm³。MoS_2 比较稳定，有着较高的润滑系数和热稳定性，用作润滑剂广泛应用于空间科技、超高真空、自动传输摩擦学领域，也是目前研究最早、最多的固体润滑剂之一。单层 MoS_2 具有典型的三明治结构，即在两个 S 层间夹着一个金属 Mo 层，其晶格常数 $a = 0.317nm$，层与层间距离为 0.614nm。在 S—Mo—S 层内，每个 Mo 原子对应的三棱柱和八面体均为六配位，Mo—S 原子之间为共价键，层间则为较弱的范德华力。层内强大的共价键使得 MoS_2 具有良好的机械强度，在惰性环境中具有良好的热稳定性，且其表面具有较多的自由悬挂键。而层间弱作用力的特殊结构则使 MoS_2 易于像石墨一样被剥离成片状。正因其块体和单层结构与石墨稀结构类似，单层的 MoS_2 故又被称为类石墨烯 MoS_2。由于原子排列和层间堆砌方式的不同，块体 MoS_2 与其他层状过渡金属硫属化合物类似，主要具有三种晶体结构，即 2H、1T 和 3R。2H-MoS_2 中 Mo 原子为三棱柱配位（见图 1.5（a）），两个三明治 S—Mo—S 单元构成一个晶胞；1T-MoS_2 中的 Mo 原子则为八面体配位（见图 1.5（b）），每个三明治单分子层构成一个晶胞；3R-MoS_2 中的 Mo 原子与 2H-MoS_2 一样为三角棱柱配位，3 个三明治单元构成一个晶胞。在这三种结构中，2H-MoS_2 为稳定相，1T-MoS_2 和 3R-MoS_2 为亚稳相，在加热的条件下均会向 2H 相转变。而从 2H-MoS_2 往 1T-MoS_2 转变，常见于客体离子插入层间后引起的原子相对位置滑移而产生的结构相变。在电子结构上，2H 相和 3R 相为半导体，而 1T 相则呈金属性。需要指出的是，对于单层 MoS_2 来说，只存在两种结构，即 2H 相和 1T 相。单元层内的 S 原子的 p 轨道与 Mo 原子的 d 轨道相互杂化，形成了 MoS_2 的能带结构。

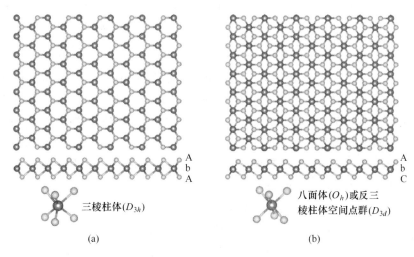

三棱柱体(D_{3h})

八面体(O_h)或反三棱柱体空间点群(D_{3d})

(a)

(b)

图 1.5　单层 TMDCs 的三棱柱配位（a）
及八面体配位（b）的截面视图

目前，实验结果和理论计算都证明了层状 TMDCs 具有不同于一般半导体材料的特殊能带结构，即厚度（或层数）依赖性的能带结构[17]。例如 MoS_2 的体材料是间接带隙半导体，带隙是 1.29eV，而单层结构却是直接带隙半导体，带隙为 1.9eV[18]。研究发现由于其超薄的晶体结构，层状 TMDCs 材料的能带结构和能隙受量子限域效应和层间耦合作用的影响很大[18]。随着材料厚度的减小，所有 MoX_2 和 WX_2 材料都会发生相似的从间接带隙到直接带隙的转变[19]，见表 1.1。随着硫族元素原子序数的增加（从 S 到 Te），MX_2 的价带边缘和导带边缘均有所增加，而其导带边缘的带偏相对于价带边缘的带偏要小一些[20]。例如，$MoSe_2$ 的价带边缘要比 MoS_2 的高 0.63eV，而其导带边缘只比 MoS_2 高 0.37eV。但是也有例外，如 WTe_2 的价带、导带均比 WSe_2 的低一点（0.06eV）。对一般的硫族元素体系而言，WX_2 的价带边缘和导带边缘均高于 MoX_2。

表 1.1　几种典型硫属化合物的能带结构

过渡金属	$-S_2$	$-Se_2$	$-Te_2$
Nb	金属性；超导；电荷密度波	金属性；超导；电荷密度波	金属性
Ta	金属性；超导；电荷密度波	金属性；超导；电荷密度波	金属性

过渡金属	-S$_2$	-Se$_2$	-Te$_2$
Mo	半导体；带隙能量：1.8eV；体相：1.8eV	半导体；带隙能量：1.5eV；体相：1.1eV	半导体；带隙能量：1.1eV；体相：1.0eV
W	半导体；带隙能量：2.1eV 或 1.9eV；体相：1.4eV	半导体；带隙能量：1.7eV；体相：1.2eV	半导体；带隙能量：1.1eV

拉曼光谱（Raman 光谱）是一种能够确定层状 TMDCs 材料的晶体质量和层数的最直接有效的工具。以 MoS$_2$ 为例，如图 1.6（a）所示，MoS$_2$ 具有四种拉曼活性的振动模型（E_{1g}，E_{2g}^1，E_{2g}^2 和 A_{1g}）和一种不具有拉曼活性的振动模型 E_{1u}。其中 E_{2g}^1 是面内振动模式，对应于两个 S 原子和 Mo 原子相反的振动方向；A_{1g} 对应于面间振动模式，只对应于两个 S 原子的相反振动方向。从单层到体结构，E_{2g}^1 会出现红移而 A_{1g} 会出现蓝移，如图 1.6（c）所示。对 E_{2g}^1 而言，随着层数增加，介电张量也会增加，导致相邻层间 Mo 原子的库仑作用的变化进而影响 E_{2g}^1 的振动。而另一方面，A_{1g} 受层间影响较小，其与 MoS$_2$ 表面的分子吸附和电子掺杂有关。由于存在极强的声电耦合，随着电子掺杂的增加，A_{1g} 的峰位会红移同时峰的强度会增加。通常，实验中通过确定 A_{1g} 和 E_{2g}^1 峰位的相对差值来确定 MoS$_2$ 的层数。除了上述 A_{1g} 和 E_{2g}^1，还有一些低频振动模式（见图 1.6（b）~（e）），如层间呼吸模式（B_{2g}^2）和剪切模式（E_{2g}^2）也和 MoS$_2$ 的厚度有关系，可以用来确定 MoS$_2$ 的厚度和质量。具体来说，随着层数的增加，剪切模式（E_{2g}^2）会出现蓝移，而呼吸模式（B_{2g}^2）会出现红移。另外，值得注意的是，层状 TMDCs 材料对外加的应力非常敏感，会随着应力的增加会发生红移，并且在大的应力（2%）作用下会出现峰的劈裂。

许多二维材料均具有层数依赖的光学特性。如当厚度减少至单层时，MoS$_2$ 的能带结构类型会从间接带隙变为直接带隙，这意味着对于单层样品来说，很可能会像其他直接带隙半导体一样，存在光致发光特性。2010 年，Splendiani 首先发现了在其剥离的层状 MoS$_2$ 中存在强的荧光发射现象。在波长为 532nm 的激光激发下，荧光发射峰分别为 620nm 和 670nm 左右，是块体 MoS$_2$ 完全探测不到的荧光特征峰[23]。Eda 等人发现，通过化学方法制备的层状 MoS$_2$ 同样可以观察到类似的光致发光现象，通过对比，他们发现不同厚度的 MoS$_2$ 纳米片的光致发光强度明显不同（见图 1.7）[24]。

在电学方面，以 MoS$_2$ 为代表的二维层状过渡金属硫属化合物在晶体管与电子探针方面也有着巨大的应用前景。一般来说，场效应晶体管应用需要具有较高电荷密度和载流子迁移率的半导体材料。相比于石墨烯，MoS$_2$ 具有一定带隙，在较高的电荷密度和载流子迁移率条件下，将极大提高现有场效应晶体管的应

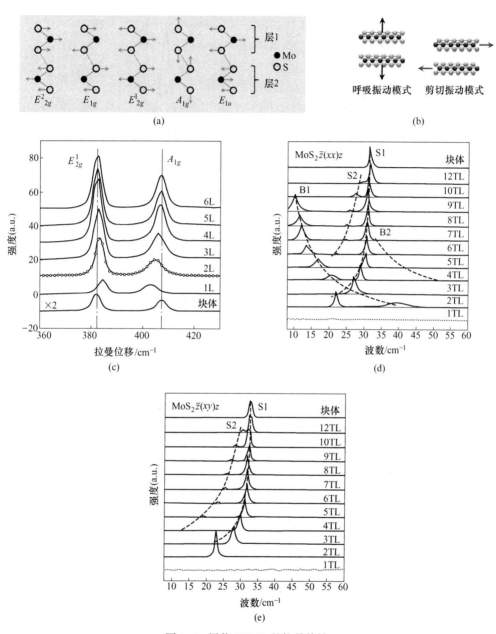

图 1.6　层状 TMDCs 的拉曼特性

（a）MoS_2 的 4 种拉曼活性的振动模型和一种不具有拉曼活性的振动模型以及它们层间相互作用示意图[21]；

（b）层间呼吸振动模式和剪切振动模式[22]；（c）拉曼峰 E_{2g}^1 和 A_{1g} 随着

层数变化[21]；（d）用 $(xx)z$ 偏振装置；（e）$(xy)z$ 偏振装置来探测层间呼吸振动模式

（B1 和 B2）和剪切振动模式（S1 和 S2）随着层数增加的变化[22]

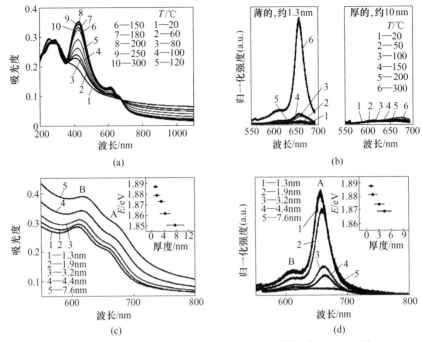

图 1.7 MoS₂薄片不同温度下的吸收光致发光光谱（a，b）及
不同厚度的 MoS₂薄片的吸收光致发光光谱（c，d）

用。早在 2007 年，马里兰大学研制出了第一个纳米 MoS₂晶体管，但其迁移率比
较低[25]。2011 年，洛桑联邦理工学院 Andras Kis 课题组利用剥离的单层 MoS₂成
功制造了 FET 晶体管，并利用原子层沉积技术在单层 MoS₂沉积一层 HfO₂高介质
常数层以提高电子迁移率，其晶体管性能十分优异，而将两只单层 MoS₂晶体管
集成到一起，又可实现了"反相器"运算[26]。随着大面积制备单层的 MoS₂薄
膜方法日益成熟，更多以 MoS₂薄膜为晶体管材料的工作陆续被报道[27]。

1.2 二维过渡金属二硫属化合物纳米结构的制备方法

纳米材料的制备方法一般分为两种：物理法和化学法。其中物理方法对于实
验所需仪器设备及反应条件较为苛刻，而化学方法较为简单、灵活。目前，制备
二维过渡金属二硫属化物的方法主要有：微机械剥离法、化学气相沉积法、水热
法、溶胶-凝胶法、电化学法、液相剥离法和化学插层法。这些方法可以被归纳
为两类，即"自上而下"和"自下而上"。"自上而下"的方法是将块状的晶体
剥离成原子厚度的薄层。块状的 TMDCs 晶体层间的作用力是范德华力，因此，
可以使用物理方法（如机械剥离或化学剥离等方式）对块状的 TMDCs 进行剥
离，然后得到多层甚至单层的纳米材料。"自下而上"的方法是前驱体分子能够

定向排列或者自组装形成多层或者单层的 TMDCs。

1.2.1　机械剥离法

自从采用胶带机械剥离法成功得到石墨烯以来，此方法就被广泛用于制备各类二维纳米材料。机械剥离法是利用胶带的黏性克服二维材料层与层之间弱的作用力来剥离体块材料得到几十层到几层甚至单层纳米材料的方法。目前，机械剥离法是制备干净、高质量的二维层状纳米材料的最有效的方法。机械剥离法首先用胶带从体块过渡金属硫属化合物晶体上剥落一片合适大小的样品置于合适的衬底之上，然后用胶带继续剥离，在衬底上会留下类石墨烯的过渡金属硫属化合物的纳米片。用机械剥离法得到的 TMDCs 纳米片质量较好，可直接用于表征和器件的制作。但是，机械剥离法难以控制样品的大小和厚度。因此也有人利用硫族原子的化合亲和力（硫族原子与金表面的化合亲和力大于其层与层之间的范德华力）将纳米层钉扎在金衬底上，制备出了面积更大（几百微米）的 TMDCs 纳米片[28]。

美国莱斯大学 Sina Najmaei 等人利用原位 TEM 观察了一个钨针从 MoS_2 体材料上剥离多层 MoS_2 薄膜的过程，如图 1.8 所示[29]，结果显示 MoS_2 薄膜的力学性能和 MoS_2 薄膜的厚度有很大的关系。图 1.8（a）所示为用于剥离的钨针和体相 MoS_2。由图 1.8（b）~（d）可以看出，当所剥离的 MoS_2 薄膜层数较少时，MoS_2 薄膜显示了极高的柔韧性，即使有较大的弯曲，对样品的损害也很小。然而当所剥离的 MoS_2 薄膜层数增加到大于 5 层时，相同方向的弯曲就会引起 MoS_2 薄膜层间的滑动，如图 1.8（e）~（h）所示。当所剥离的 MoS_2 薄膜层数增加到大于 20 层时，相同方向的弯曲就会引起 MoS_2 薄膜层间的扭结和缠绕，如图 1.8（i）~（l）所示。该实验表明：单层及少层数的 MoS_2 薄膜具有很大的柔性，显示出了其在柔性电子器件方面的应用前景，但同时也反映了通过机械剥离获得 MoS_2 薄膜所面临的挑战。

目前来看，机械剥离法仅凭胶带通过手工就能获得类石墨烯的 TMDCs，不需要复杂装置，无需考虑产物富集，简单快捷，而且剥离率最高。不过，它的缺点是产量低、过程不好控制、难以大规模生产。此方法在实验室中较为常用。

1.2.2　气相沉积法

气相沉积法主要分为气相硫化或硒化的方法、气相反应的方法和气相转移的方法。

1.2.2.1　硫化/硒化法

如图 1.9 和图 1.10 所示，硫化/硒化法的基本步骤通常是先在衬底上制备一

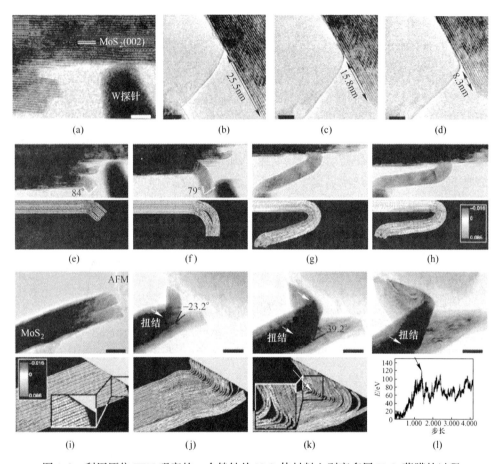

图 1.8　利用原位 TEM 观察的一个钨针从 MoS₂ 体材料上剥离多层 MoS₂ 薄膜的过程

（a）实验装置，一个钨针和一个体 MoS₂ 接触；（b）～（d）单层 MoS₂ 薄膜从体 MoS₂ 上剥离的过程；

（e）～（h）11 层 MoS₂ 薄膜从体 MoS₂ 上剥离的过程及其模拟示意图（对于较薄的层（小于 5 层）

由于相同方向的弯曲导致层间发生滑动）；（i）～（l）大于 20 层的薄膜从体 MoS₂ 上剥离

的过程及其模拟示意图（对于较厚的薄膜（大于 20 层），实验和模拟结果证明了其剥离过程会

出现扭转和打结，显示出比较明显的可塑性）

层金属钼[30] 或氧化钼[31]，然后在硫蒸气或硒蒸气的条件下退火，最终获得层状的 TMDCs 材料。最早的报道[30] 为将金属钼电子束蒸发沉积到 SiO₂/Si 衬底上，然后将其在硫的蒸气下退火。由于这种方法制备的 MoS₂ 里面有少量的金属相，其 FET 的开关比比较低。为了改变这种情况，将氧化钼代替金属钼能够获得优异的器件性能[31]。为了精确控制所得层状 TMDCs 材料的厚度，一般都用原子层沉积（ALD）来预先制备需要硫化或硒化的氧化物层[32]（见图 1.11）。而为了提高结晶性，常用单晶的氧化钼作模板通过硫化或硒化来制备高质量的 MoS₂

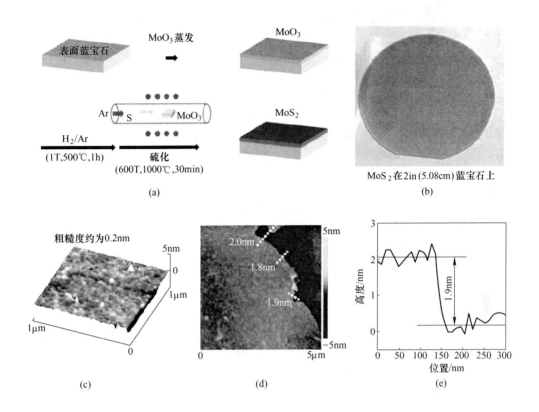

图 1.9　硫化法制备 MoS_2

（a）通过硫化 MoO_3 制备 MoS_2 薄膜示意图（MoO_3 在蓝宝石衬底上热蒸发，
并通过两步热处理过程转变为 MoS_2）；（b）MoS_2 层生长在蓝宝石圆片上；
（c），（d）产物的 AFM；（e）MoS_2 层的厚度

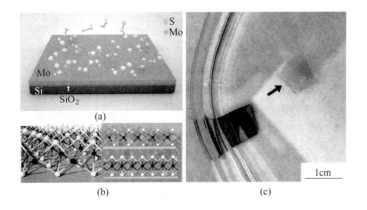

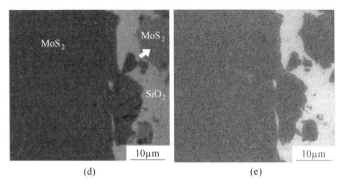

图 1.10　原子层厚度的 MoS$_2$ 的制备示意图和形貌

（a）在预先沉积 Mo 的 SiO$_2$ 基板上引入硫；（b）MoS$_2$ 膜直接长在 SiO$_2$ 基板上，

黑色和黄色原子分别代表 Mo 和 S；（c）SiO$_2$ 基板（左边）和剥脱的少层 MoS$_2$（右边，箭头所示）；

（d）在 SiO$_2$ 基板上 MoS$_2$ 的某一部位的光学图像，大量暗灰色的区域是少层的 MoS$_2$；（e）对应的 SEM 图

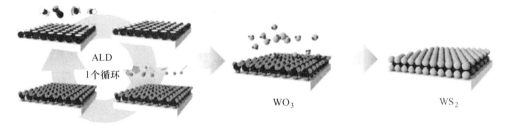

图 1.11　原子层沉积 WS$_2$ 纳米片的合成过程

或 MoSe$_2$[33]（见图 1.12）。另外除了硫化或硒化氧化钼外，还可硫化或硒化硒化钼或硫化钼来制备三元合金。

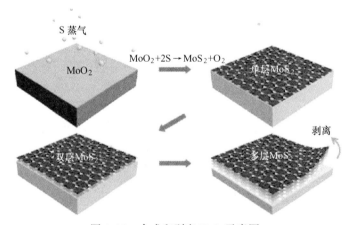

图 1.12　合成和剥离 MoS$_2$ 示意图

（MoO$_2$ 微片通过还原 MoO$_3$ 进行制备并作为模板通过层层表面硫化来生长 MoS$_2$）

1.2.2.2　化学气相反应法

气相沉积法（chemical vapor deposition，CVD）是一种化学气相生长法。这种方法是把含有构成材料元素的一种或几种化合物的单质气体供给基片，利用加热、等离子体、紫外光或者激光等能源，借助气相作用或在基片表面的化学反应（热分解或化学合成）生成需要的薄片。化学气相沉积制备层状 TMDCs 材料主要是通过硫或硒蒸气与氧化钼反应在衬底上成核生长。相比于气相硫化或硒化的方法，其生长的层状 TMDCs 材料结晶性更好，膜的厚度更加均匀。如图 1.13 所示，Zhang 等人[34]利用一步化学气相沉积法在云母衬底上制备了 1T 相的、少层的 VSe_2 纳米片。VSe_2 纳米片的厚度可从几纳米到几十纳米进行精确地调节。更重要的是，该 VSe_2 纳米片表现出优良的金属特性，电导率高达 $10^6 S/m$。Lee 等人[35]通过高温下氧化钼和硫发生化学反应在 SiO_2/Si 衬底上生长出高质量的 MoS_2。这种自成核的生长方法对衬底很敏感。他们通过提前在衬底上种上带石墨环的分子结构（例如被还原的氧化石墨烯等）能有效地促使 MoS_2 成核生长。在 MoS_2 成核生长过程中，这些种子能够使衬底更容易形成浸润的表面来降低成核的自由能。除了衬底影响外，作为源物质，MoO_3 的状态也对成核有影响。如Liu 等人[36]用预先制备的 Mo 纳米带来生长 MoS_2，发现其质量非常好，而且能够长出大面积的单层膜。他们提出了边缘主导催化机理来解释这一现象，即 MoO_3

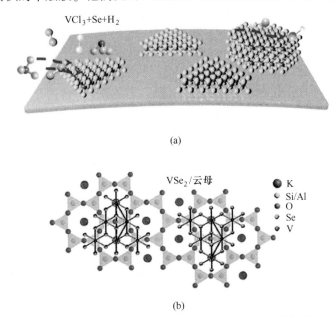

(a)

(b)

图 1.13　一步化学气相沉积法制备 1T 相 VSe_2 纳米片

（a）范德瓦斯外延生长路线示意图；（b）两个云母片上的 VSe_2 进行 60° 旋转

纳米带边缘成核生长 MoS_2 的所需要的能量要远远低于在平面的衬底上（如 SiO_2/Si）所需要的能量。另外，针对 WSe_2 和 $MoSe_2$ 的生长体系而言，由于硒的还原性比较低，因此需要引入适量的氢气来辅助 WSe_2 和 $MoSe_2$ 生长[37]。

值得一提的是，相比于石墨烯的铜表面自限制催化生长和镍的表面析出生长制备大面积均匀膜来说，目前层状 TMDCs 材料的成膜还是比较困难，主要原因是其生长机制为自成核过程，最后获得的材料尺寸受外界条件影响较大。

1.2.2.3 物理气相沉积法

物理气相沉积法是一种气相转移的方法，主要是将源物质气化后载到另一个衬底重结晶的过程，也是一种自成核生长的过程。化学气相沉积制备的层状 TMDCs 材料能够广泛用于电子设备领域，但是在光学领域却有明显的局限性，主要是因为化学气相沉积的层状 TMDCs 材料常有斜向和镜面边界[38]，而这些缺陷在用物理气相沉积制备出来的样品中却很少能观察到。例如 Wu 等人[39]在低真空下于 950℃将 MoS_2 粉末气化，然后以氩气为载气载至 650℃的温区内凝结成核生长。这样生长出来的 MoS_2 具有很高的光学质量，在室温下测得其发光极化有 35%来源于能量在 1.92eV 的激子。但是这种方法也有自己的局限性，如成核比较随机，易生成较厚的 MoS_2。

1.2.3 水热法

水热反应法始于 19 世纪地质学家对自然界成矿作用的模拟，随后成为功能材料研究过程中的重要合成方法。水热反应中以水为溶剂，在密封的容器中，施加高温高压在釜中形成一定的温度梯度和压力梯度，然后进行化学反应。在水热反应过程中，作为溶剂的水同时也是矿化剂，并作为压力传递介质参与反应。同时在水热反应过程中，可被调控的参数较多，通过控制实验条件，可以获得更多不同物相或形貌结构的产物，为研究晶体结构和性能之间的关系提供了材料基础。与其他方法相比，水热法制备的纳米材料具有晶粒发育比较完整、粒径大小分布均匀、能够通过简单的调整化学剂量的比例、温度及 pH 值等获得理想的纳米材料。目前，水热法也被广泛应用于纳米材料的合成，并且通过这种易操作的反应方式，多种过渡金属硫属化合物的纳米结构被成功合成。

Yang 等人[40]通过调节溶剂的比例制备出了均匀的黄铁矿结构的 NiS_2 微球，其直径大约为 $5\mu m$。中国科学技术大学吴长征教授及课题组成员首次报道了水热反应方式实现 VS_2 晶体的合成。他们以 $NaVO_3$ 为钒源，硫代乙酰胺（TAA）为氨源和硫源，首先通过水热反应的方式合成了 VS_2 的插层化合物 NH_3VS_2[41]。然后该插层化合物在水中超声处理后，层间的 NH_3 迅速跑出，最终得到了仅有 4～5 个 S—V—S 层厚度的 VS_2 超薄纳米片。通过该水热反应得到的 VS_2 纳米片，在水中具有很好的分散性,并且其超薄的二维结构使其可以组装成为可转移的高质量的薄膜并进一步应用于柔性二维电子器件的设计合成。水热反应除了可以得到本征的过渡金属硫属化合物外,通过反应过程中的参数,如反应物的浓度、反应温度等的反应条件,也可以对得到的过渡金属硫属化合物本征结构进行调控,得到更为丰富的材料体系。中国科学技术大学谢毅教授研究组成员借助高浓度的四水合七钼酸铵前驱物与不同浓度的硫脲在水溶剂中进行水热反应,通过对反应物浓度的调控,成功地实现了对二硫化钼的纳米片的缺陷调控[42]。

1.2.4 溶剂热法

溶剂热法是水热法的进一步发展,不同于水热反应的地方在于溶剂热法所使用的是非水的有机溶剂。在溶剂热反应体系中,由于溶剂的密度、极性以及黏度等的影响,可以增强反应前驱物的溶解、分散性以及反应性等,可以促进常规条件下难以发生的反应的进行。目前,大量的不同形貌以及不同维度的过渡金属硫、硒化合物等已经通过溶剂热反应被成功地合成。

类似于胶体反应合成过渡金属硫属化合物量子点,通过溶剂热反应,也可以实现过渡金属硫属化合物量子点的合成。最近,Wu 等人[43]以 N, N-二甲基甲酰胺为溶剂,通过简单的溶剂热反应,成功地实现了二硫化钼和二硫化钨量子点的合成。通过该方法得到的二硫化钼和二硫化钨量子点尺寸均匀,并且由于它们具有较多的缺陷,使它们具有更多的催化反应位点,在电催化析氢反应中,表现出较高的反应活性。由于有机溶剂中的氮原子与反应前驱物或反应中间体的配位作用,通过溶剂热反应,过渡金属硫属化合物二维纳米片的合成也得以实现。中国科学技术大学谢毅教授课题组通过溶解热反应的方式,选择合适的有机溶剂,实现了大量的过渡金属硫属化合物的超薄纳米片的合成,包括 $ZnSe$、Co_9Se_8 等[44,45]。此外,他们借助过渡金属在长链基胺溶剂(如 1-十二胺、1-十四胺、1-十六胺、1-十八胺以及油胺等)中的反应,发展了一种新型的具有普适性的平面内自组装方法,成功实现了过渡金属硫属化合物-烷基胺超薄纳米片的合成[46]。利用溶剂热反应,一些过渡金属硫属材料的复合结构也被成功地合成出来,极大地丰富了过渡金属硫属化合物的材料体系以及物理化学性质。例如,斯坦福大学的戴宏杰教授,在 N, N-二甲基甲酰胺溶剂中,利用 $(NH_4)_2MoS_4$ 与氧化石墨烯反应,成功地得到了 MoS_2/石墨烯复合结构[47]。由于石墨烯的负载可以促进体系中电子的转移,因此该复合结构表现出的电催化析氢性能明显高于 MoS_2 纳米颗粒。最近,德国马普学会高分子研究所的冯新亮教授以二甲亚砜为溶剂,借助 MoS_2 的模板作用,通过 MoS_2 与 $CdCl_2 \cdot H_2O$ 在该溶剂中的高温高压反应,成功得到了 MoS-CdS 复合的 P-N 结纳米结构。得益于较大的表面积以及可调控的带隙结构,该 P-N 结表现出了优异的可见光催化产氢性能。

1.2.5 溶胶-凝胶法

溶胶-凝胶法是制备高化学活性的复合材料的常见方法，能够使无机纳米材料与有机材料相结合表现出优异的物理化学性能。该方法首先在室温下将原料混合均匀，后经过水解和缩合反应形成溶胶体系，然后经胶粒陈化间缓慢聚合，形成三维空间网络结构的凝胶，凝胶经过干燥、煅烧固化制备出粉体材料。溶胶-凝胶法常用于橡胶的改性、复合物薄膜以及高温超导纤维等。Shyamal 等人[48]利用溶胶-凝胶法合成具有网状结构的二硫化钼/碳包覆无机纳米复合材料，这种复合材料被作为锂电池的电极材料。尹成勇等人[49]利用溶胶-凝胶法制备了具有超疏水性能的介孔碳复合 SiO_2 涂层。溶胶-凝胶法体系的主要优点在于反应物在分子水平上能够均匀地分散，并且在原料初始分散的过程中能够均匀地掺入一些微量元素，而且对温度要求比较宽松，设备操作简单。在化学材料制备方面，能够制备具有耐腐蚀抗压的多孔滤膜，而且制备的化学材料表面积大、孔容和孔径均匀，还有较低的表观密度。凝胶的干燥方法有多种如普通干燥、超临界干燥、冻结干燥和微波干燥。可以根据制备材料的不同选择不同的干燥方式。但是溶胶-凝胶法存在一定的局限性，如溶胶-凝胶的制备过程所需陈化时间较长，干燥过程由于部分有机分子或溶剂的挥发，使材料内部的结构产生收缩从而复合材料的相关性能达不到理想状态等。

1.2.6 电化学法

电化学方法是将过渡金属硫族化合物块体材料作为阴极材料置于电解池中进行电解，通过减小块体材料中层与层之间的范德华作用力，从而得到分离的二维纳米材料（见图 1.14）。以 MoS_2 为例[50]，电化学法的制备过程如下：

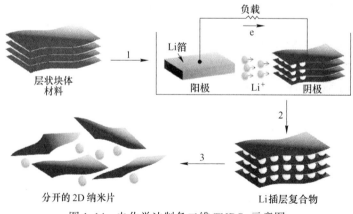

图 1.14 电化学法制备二维 TMDCs 示意图

（1）阳极材料、阴极材料及电解液的配置。该方法使用 Li 金属箔片作为阳极材料，而阴极材料是将 MoS_2：乙炔：PVDF（聚偏二氟乙烯）的比例为 80：80：10 形成的泥浆悬浮液涂在铜金属箔片上，随后在真空下干燥 12h 后获得的，电解液是由 1mol/L $LiPF_6$ 和按 EC（碳酸乙烯酯）：DMC（碳酸二甲酯）= 1：1 的比例形成的混合物配置而成。

（2）开始通电时，阳极材料开始电离出 Li 离子，当 Li 离子插入 MoS_2 的块状材料之间即可得到 Li_xMoS_2 的混合物，放电过程结束后，用丙醇清洗 Li_xMoS_2 混合物以除去残余的电介质 $LiPF_6$。

（3）在密闭的瓶内，将得到的 Li_xMoS_2 溶在水或乙醇中，然后进行超声分散，在分散过程中有气体和透明的悬浮液生成，取出悬浮液进行离心分离即可得到分离的二维 MoS_2 纳米材料。

当然这种方法不仅仅适用于二维 MoS_2 纳米材料的制备，也同样适用于其他二维过渡金属硫族化物纳米材料的制备，如 WS_2、TaS_2、TiS_2、ZrS_2 等。这种方法可控性较好、所需条件不苛刻、耗时较少且在室温下就能进行。此方法的缺点在于通电的过程中可能导致 MoS_2 的分解而形成了 Mo 纳米颗粒和 Li_2S，造成剥离得到的二维 MoS_2 纳米材料的纯度不高且无法实现宏量制备。

1.2.7 液相剥离法

液相剥离法之前成功地制备过石墨烯，所以人们也用该方法来制备各种类石墨烯的过渡金属硫属化合物，如 MoS_2、WS_2、$MoSe_2$、$NbSe_2$、$MoTe_2$ 和 $MoTe_2$ 等。液相剥离法的工作原理是将少量粉末状的块状材料分散于溶剂中，形成低浓度分散液，利用超声波破坏块状材料层与层间的范德华作用力，进行层层剥离，从而得到含有大量均匀的多层甚至单层的纳米薄膜溶液。此方法必须在液体中进行，而且为了避免产物团聚，选择合适的溶剂十分必要。同时，合适的超声条件也对剥离效率、样品尺寸等有很大的影响。此方法依靠合适的溶剂或者表面活性剂来克服层状材料层与层之间的结合能，避免产物团聚的现象，所以要选择表面能与样品相当的溶剂或表面活性剂。

过渡金属硫属化合物大部分是层状化合物，层间的作用力是弱的范德华力，因此很容易被剥离成纳米片。液相剥离法一般分为两种：有机溶剂剥离法和水相表面活性剂法。2011 年，Coleman 等人[51] 发展了基于超声剥离的二维纳米材料的制备技术，以 N-甲基吡咯烷酮为反应溶剂，MoS_2 粉末为反应物质，在超声波细胞粉碎仪的作用下进行超声，通过离心分离、真空干燥后获得 MoS_2 纳米片。理想溶剂的选取一般须满足两个条件：第一，在一定的时间内能使层状材料完全分散；第二，分散后的材料能够有效地被剥离。一般选用的有机溶剂有 N-甲基吡咯烷酮、N-乙烯基吡咯烷酮、二甲基甲酰胺、二甲基亚砜、异丙醇、丙酮等。

2011 年，Smith 等人[52]发展了基于水相剥离二维纳米材料的制备策略，于水溶液中添加表面活性剂以改变反应溶液体系中的表面张力，从而到能够很好地剥离过渡金属硫族化合物块体材料，获得二维纳米材料水溶液。液相超声法缺点是剥离效率较低，但是它操作简单且适合大批量生产，而且不断有采用液相超声法制备出单层 TMDCs 的报道，说明此方法在工业生产方面将具有很好的应用前景。

参 考 文 献

[1] Xie X C, Huang K J, Wu X. Metal−organic framework derived hollow materials for electrochemical energy storage [J]. J. Mater. Chem. A, 2018, 6: 6754~6771.

[2] Fai M K, Lee C, James H, et al. Atomically thin MoS_2: a new direct−gap semiconductor [J]. Physical Review Letters, 2010, 105 (13): 136805.

[3] Splendiani A, Sun L, Zhang Y, et al. Emerging photoluminescence in monolayer MoS_2 [J]. Nano Letters, 2010, 10 (4): 1271~1275.

[4] Jariwala D, Sangwan V K, Lauhon L J, et al. Emerging device applications for semiconducting two−dimensional transition metal dichalcogenides [J]. ACS Nano, 2014, 8 (2): 1102~1120.

[5] Benck J D, Hellstern T R, Kibsgaard J, et al. Catalyzing the hydrogen evolution reaction (HER) with molybdenum sulfide nanomaterials [J]. ACS Catalysis, 2014, 4 (11): 3957~3971.

[6] Amani M, Lien D H, Kiriya D, et al. Near-unity photoluminescence quantum yield in MoS_2 [J]. Science, 2015, 350 (6264): 1065~1068.

[7] Lu J M, Zheliuk O, Leermakers I, et al. Evidence for two−dimensional ising superconductivity in gated MoS_2 [J]. Science, 2015, 350 (6266): 1353~1357.

[8] Zhang H J, Liu C X, Qi X L, et al. Topological insulators in Bi_2Se_3, Bi_2Te_3 and Sb_2Te_3 with a single dirac cone on the surface [J]. Nature Physics, 2009, 5 (6): 438~442.

[9] Chen Y L, Analytis J G, Chu J H, et al. Experimental realization of a three−dimensional topological insulator, Bi_2Se_3 [J]. Science, 2009, 325 (5937): 178~181.

[10] Kong D S, Cha J J, Wang H T, et al. First-row transition metal dichalcogenide catalysts for hydrogen evolution reaction [J]. Energy & Environmental Science, 2013, 6 (12): 3553~3558.

[11] Zhang A Y, Ma Q, Lu M K, et al. Nanocrystalline metal chalcogenides obtained open to air: synthesis, morphology, mechanism, and optical properties [J]. The Journal of Physical Chemistry C, 2009, 113 (35): 15492~15496.

[12] Tremel W, Kleinke H, Derstroff V, et al. Transition metal chalcogenides: new views on an old topic [J]. Journal of Alloys and Compounds, 1995, 219 (1): 73~82.

[13] Sheldrick W S, Wachhold M. Solvothermal synthesis of solid-state chalcogenidometalates [J]. Angewandte Chemie International Edition in English, 1997, 36 (3): 206~224.

[14] Radisavljevic B, Radenovic A, Brivio J, et al., Single−layer MoS_2 transistors [J]. Nat. Nanotechnol., 2011, 6: 147~150.

[15] Chia X Y, Eng A Y S, Ambrosi A, et al. Electrochemistry of nanostructured layered transition-metal dichalcogenides [J]. Chem. Rev, 2015, 115: 11941~11966.

［16］ Heine T. Transition metal chalcogenides: ultrathin inorganic materials with tunable electronic properties ［J］. Accounts of Chemical Research, 2015, 48 （1）: 65~72.

［17］ Ataca C, Sahin H, Ciraci S. Stable, single-layer MX_2 transition-metal oxides and dichalcogenides in a honeycomb-like structure ［J］. The Journal of Physical Chemistry C, 2012, 116: 8983~8999.

［18］ Kadantsev E S, Hawrylak P, Electronic structure of single MoS_2 monolayer ［J］. Solid State Communicaions, 2012, 152 （10）: F909~913.

［19］ Wang Q H, Kalantar-Zadeh K, Kis A, et al. Electronics and optoelectronics of two-dimensional transition metal dichalcogenides ［J］. Nat. Nano, 2012, 7 （11）: 699~712.

［20］ Kang J, Tongay S, Zhou J, et al. Band offsets and heterostructures of two-dimeiisional semiconductors ［J］. Applied Physics Letters, 2013, 102: 012111~012114.

［21］ Lee C, Yan H, Brus L E, et al. Anomalous lattice vibrations of single-and few-layer MoS_2 ［J］. ACS Nano, 2010, 4 （5）: 2695~2700.

［22］ Zhao F Y, Luo X, Li H, et al. Interlayer breathing and shear modes in few-trilayer MoS_2 and WSe_2 ［J］. Nano Letters, 2013, 13 （3）: 1007~1015.

［23］ Splendiani A, Sun L, Zhang Y, et al. Emerging photoluminescence in monolayer MoS_2 ［J］. Nano Letters, 2010, 10 （4）: 1271~1275.

［24］ Eda G, Yamaguchi H, Voiry D, et al. Photoluminescence from chemically exfoliated MoS_2 ［J］. Nano Letters, 2011, 11 （12）: 5111~5116.

［25］ Ayari A, Cobas, Ogundadegbe, et al. Realization and electrical characterization of ultrathin crystals of layered transition-metal dichalcogenides ［J］. Journal of Applied Physics, 2007, 101 （1）: 14507.

［26］ Radisavljevic B, Radenovic A, Brivio J, et al. Single-layer MoS_2 transistors ［J］. Nature Nanotechnology, 2011, 6 （3）: 147~150.

［27］ Bao W Z, Cai X H, Kim D H, et al. High mobility ambipolar MoS_2 field-effect transistors: Substrate and dielectric effects ［J］. Applied Physics Letters, 2013, 102 （4）: 042104.

［28］ Magda G Z, Petö J, Dobrik G, et al. Exfoliation of large-area transition metal chalcogenide single layers ［J］. Scientific Reports, 2015, 5: 14714.

［29］ Najmaei S, Yuan J, Zhang J, et al. Synthesis and defect investigation of two-dimensional molybdenum disulfide atomic layers ［J］. Accounts. Chem. Res. , 2014, 48 （1）: 31~40.

［30］ Zhan Y J, Liu Z, Najmaei S, et al. Large-area vapor-phase growth and characterization of MoS_2 atomic layers on a SiO_2 substrate ［J］. Small 2011, 8 （7）: 966~971.

［31］ Lin Y C, Zhang W J, Huang J K, et al. Wafer-scale MoS_2 thin layers prepared by MoO_3 sulfurization ［J］. Nanoscale, 2012, 4: 6637~6641.

［32］ Song J G, Park J, Lee W, et al. Layer-controlled, wafer-scale and conformal synthesis of tungsten disulfide nanosheets using atomic layer deposition ［J］. ACS Nano, 2013, 7 （12）: 11333~11340.

［33］ Wang X S, Feng H B, Wu Y M, et al. Controlled synthesis of highly crystalline MoS_2 flakes by chemical vapor deposition [J]. J. Am. Chem. Soc., 2013, 135 (14): 5304~5307.

[34] Zhang Z P, Niu J J, Yang P F, et al. Van der Waals epitaxial growth of 2D metallic vanadium diselenide single crystals and their extra-high electrical conductivity [J]. Adv. Mater., 2017, 29: 1702359.

[35] Lee Y H, Zhang X Q, Zhang W J, et al. Synthesis of large-area MoS$_2$ atomic layers with chemical vapor deposition. Advanced Materials, 2012, 24, 2320~2325.

[36] Najmaei S, Liu Z, Zhou W, et al. Vapour phase growth and grain boundary structure of molybdenum disulphide atomic layers [J]. Nat. Mater., 2013, 12 (8): 754~759.

[37] Zhang Y, Zhang Y, Ji Q, et al. Controlled growth of high-quality monolayer WS$_2$ layers on sapphire and imaging its grain boundary [J]. ACS Nano, 2013, 7 (10): 8963~8971.

[38] Van der Zande A M, Huang P Y, Chenet D A, et al. Grains and grain boundaries in highly crystalline monolayer molybdenum disulphide [J]. Nat. Mater., 2013, 12 (6): 554~561.

[39] Wu S, Huang C, Aivazian G, et al. Vapor-solid growth of high optical quality MoS$_2$ monolayers with near-unity valley polarization [J]. ACS Nano, 2013, 7 (3): 2768~2772.

[40] Yang S L, Yao H B, Gao M R, et al. Monodisperse cubic pyrite NiS$_2$ dodecahedrons and microspheres synthesized by a solvothermal process in a mixed solvent: thermal stability and magnetic properties [J]. Crystengcomm, 2009, 11 (7): 1383~1390.

[41] Feng J, Sun X, Wu C, et al. Metallic few-layered VS$_2$ ultrathin nanosheets: high two-dimensional conductivity for in-plane supercapacitors [J]. J. Am. Chem. Soc., 2011, 133: 17832~17838.

[42] Xie J, Zhang H, Li S, et al. Defect-rich MoS$_2$ ultrathin nanosheets with additional active edge sites for enhanced electrocatalytic hydrogen evolution [J]. Adv. Mater., 2013, 25: 5807~5813.

[43] Xu S, Li D, Wu P. One-pot, facile, and versatile synthesis of monolayer MoS$_2$/WS$_2$ quantum dots as bioimaging probes and efficient electrocatalysts for hydrogen evolution reaction [J]. Adv. Funct. Mater., 2015, 25: 1127~1136.

[44] Sun Y, Sun Z, Gao S, et al. Fabrication of flexible and freestanding zinc chalcogenide single layers [J]. Nat. Commun., 2012, 3: 1057.

[45] Zhang X, Zhang J, Zhao J, et al. Half-metallic ferromagnetism in synthetic Co$_9$Se$_8$ nanosheets with atomic thickness [J]. J. Am. Chem. Soc., 2012, 134: 11908~11911.

[46] Zhang X, Liu Q, Meng L, et al. In-plane co-assembly route to atomically-thick inorganic-organic hybrid nanosheets [J]. ACS Nano, 2013, 7: 1682~1688.

[47] Li Y, Wang H, Xie L, et al. MoS$_2$ nanoparticles grown on graphene: an advanced catalyst for the hydrogen evolution reaction [J]. J. Am. Chem. Soc., 2011, 133: 7296~7299.

[48] Das S K, Mallavajula R, Jayaprakash N, et al. Self-assembled MoS$_2$-carbon nanostructures: influence of nanostructuring and carbon on lithium battery performance [J]. Journal of Materials Chemistry, 2012, 22 (26): 12988~12992.

[49] 尹成勇, 李澄, 彭晓燕. 溶胶-凝胶法制备超疏水性纳米复合防腐涂层 [J]. 中国腐蚀与

防护学报，2014，34（3）：257~264.

[50] Zeng Z Y, Yin Z Y, Huang X, et al. Single-layer semiconducting nanosheets：high‑yield preparation and device fabrication ［J］. Angew. Chem. Int. Edit. ，2011，50（47）：11093~11097.

[51] Coleman J N, Lotya M, O´Neill A, et al. Two-dimensional nanosheets produced by liquid exfoliation of layered materials ［J］. Science，2011，331（6017）：568~571.

[52] Smith R J, King P J, Lotya M, et al. Large-scale exfoliation of inorganic layered compounds in aqueous surfactant solutions ［J］. Advanced Materials，2011，23（34）：3944~3948.

2 二维过渡金属二硫属化合物纳米结构在锂离子电池中的应用

2.1 锂离子电池研究背景

锂离子电池的前身是锂电池，锂电池是指以锂金属或锂合金为负极材料的电池。锂质轻，氧化还原电极电位较负，是极好的电极材料。自从 20 世纪 50 年代 Harris 提出了以锂为负极、有机电解液为电解质的电池体系，便拉开了科学家对锂电池研究的帷幕。70 年代出现了锂一次电池（primary lithium battery），其不可进行循环充放电，负极材料为锂金属，正极材料主要为固体氧化物、硫化铁等，具有电压高、比能量高、工作范围宽以及寿命长等一系列优点。在 80 年代，以 Li-Al 合金为负极材料的锂一次电池的开发也非常成功。但锂一次电池使用成本较高、对环境有污染，没有大规模民用，考虑到锂资源问题，人们的目光逐渐转向了可以进行循环充放电的锂二次电池（secondary LB 或 rechargeable LB）。

1982 年，美国伊利诺伊理工大学的 R. R. Agarwal 和 J. R. Selman 教授发现锂离子具有嵌入石墨的特性，并且此过程是快速可逆的。1983 年，美国科学家 J. Goodenough 等人发现锰尖晶石具有优良的导电、导锂离子性能，并且价低、稳定，是优良的锂二次电池正极材料。在 1991 年，日本索尼公司发布了第一代商用的锂二次电池，也就是目前应用广泛的锂离子电池，该电池以 $LiCoO_2$ 作为正极材料，以石墨作为负极材料，靠锂离子在正极和负极之间移动来工作。随后在 1996 年，J. Goodenough 等科学家发现具有橄榄石结构的磷酸盐，如磷酸铁锂（$LiFePO_4$），比传统的正极材料（$LiCoO_2$）更具优越性，目前该材料已成为主要的正极材料。自从锂离子二次电池成功商业化应用以来，就以其能量密度高、循环性能优越、无环境污染等优点而普遍地应用于人类社会的诸多方面。目前锂离子电池以环保、轻便、开路电压高、高容量、自放电率低、长寿命等优点成为现代高性能电池的代表，广泛应用于小型便携设备如摄像机、移动电话、笔记本电脑等，在电动汽车、航空航天及军事领域也具有较好的前景。

电池系统开发的终极目标是在追求高体积能量密度和比能量密度的同时，尽可能减小材料的体积和质量。图 2.1 所示为可充电电池的体积能量密度和比能量密度之间的关系。电池系统开发的终极目标是在追求高体积能量密度和比能量密度的同时，尽可能减小材料的体积和质量。和镍氢电池、镍镉电池、铅酸蓄电池相比，锂离子电池更能满足小型电子设备对于轻量化、小量化而不影响其使用时长及寿命的电池的需求。随着近年来对锂离子电池的消费需求不断增长，亟待开发容量更高、安全性更好、循环寿命更长的锂电池体系。

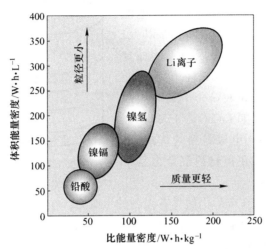

图 2.1　几种可充电电池的体积能量密度和比能量密度之间的关系[1]

2.2　锂离子电池的组成及工作原理

锂离子电池由正极、负极、电解液、隔膜和集流体等组成，如图 2.2 所示。在锂离子电池的整个发展过程中，寻找到合适的正负极材料对其成功应用起到了关键的作用。

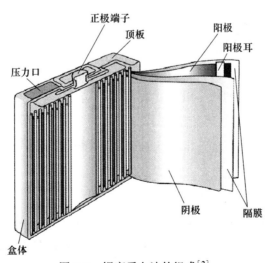

图 2.2　锂离子电池的组成[2]

2.2.1 锂离子电池的正极材料

正极材料是锂离子电池的重要组成部分，图 2.3 所示为电池各部分占整个电池的成本比例，其中正极材料占 40%以上，所以在不同应用领域，性能及成本的综合评估是选择正极材料的首要条件。

正极材料嵌锂电位较高，一般为嵌锂型过渡金属氧化物，如 $LiCoO_2$、$LiMn_2O_4$、$LiFePO_4$ 等。基于不同电极材料的优缺点，将两种具有互补性的正极材料混合也是一种趋势[3]。

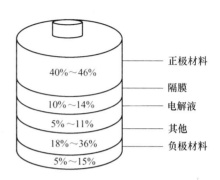

图 2.3　锂离子电池成本示意图

钴酸锂正极材料在今后仍然具有强劲的生命力，在目前商品化应用的锂离子电池体系中，钴酸锂电池凭借其高充电截止电压和高压实密度双重优势，仍是目前高档 3C 产品类电池首选电池体系；而层状 $LiNi_xCo_{1-x-y}Mn_yO_2$ 正极材料不仅具有较高的能量密度，而且材料的安全性、循环稳定性、高低温性能、制备成本等性能均比较优异，在全球正极材料使用量比重逐年增加，不仅逐步替代了钴酸锂材料的部分应用，而且在新能源汽车动力电池应用中也崭露头角，是未来最有发展前景的正极材料之一。磷酸铁锂和尖晶石型锰基材料，不仅具有较低的制备成本和资源优势，而且安全性、循环稳定性也非常突出，是目前动力电池首选正极材料，尤其是 $LiNi_{0.5}Mn_{1.5}O_4/Li_4Ti_5O_{12}$ 体系动力电池可实现快速充放电，是未来新能源汽车动力电池的主流方向之一。高能量密度的镍钴铝（NCA）正极材料在高档 3C 产品类电池和新能源汽车动力电池中也占有一席之地，但是高成本、电池制作环境苛刻等因素限制了其大范围应用。

目前，锂离子电池正极材料的主流方向仍以钴酸锂和 $LiNi_xCo_{1-x-y}Mn_yO_2$ 材料为主；磷酸铁锂、锰酸锂、NCA 正极材料也占有一定地位；层状富锂锰基材料是下一代产业化的正极材料中能量密度最高的，市场应用前景广阔，但是其自身结构问题造成的首次不可逆容量高、倍率性能较差等问题仍有待科研工作者进行深入研究。

2.2.1.1 钴酸锂正极材料

钴酸锂（$LiCoO_2$）是商业化最早的层状过渡族金属氧化物正极材料，且目前仍是消费电子产品领域主流正极材料之一。$LiCoO_2$ 具有 274mA·h/g 的理论比容量，在实际使用过程中，4.2V（Li/Li^+）放电时比容量为 145mA·h/g，4.5V（Li/Li^+）放电时比容量可以达到 170mA·h/g 以上。图 2.4 所示为 $LiCoO_2$ 的层状晶体结构，属于 $R3m$ 空间群，其中氧离子按 ABC 层叠立方密堆排列，Li^+ 和 Co^{3+} 分别占据氧八面体。晶胞参数 $a = 0.2816nm$ 和 $c = 1.408nm$，c/a 一般为 4.899。但是由于 Li 和 Co 与 O 原子的作用力存在差异性，因此 Co^{3+} 与 O^{2-} 之间存在最强的化学键，而层间的 Li^+ 以范德华力维持，所以较容易脱嵌。脱嵌锂过程中，$Li_{1-x}CoO_2$ 中 x 可在 0~0.5 之间变化，当大于 0.5 时，$Li_{1-x}CoO_2$ 结构不稳定，因而它的容量只有理论容量的 50%~60%（156mA·h/g）。

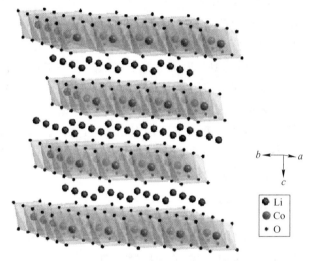

$b \longleftarrow a$
$\downarrow c$

● Li
● Co
· O

图 2.4　层状 $LiCoO_2$ 晶体结构[4]

$LiCoO_2$ 材料的电子电导率在 $10^{-3}S/cm$ 左右，离子电导率与 Li_xCoO_2 中的 x 值存在密切关系，在充放电过程中，随着锂离子的嵌入脱出，$LiCoO_2$ 材料发生两个相变，分别为锂离子有序/无序转变、六角相转变为单斜相，因此其锂离子扩散系数变化可以达到几个数量级，一般在 $10^{-9} \sim 10^{-7}m^2/s$[5]。

早期 $LiCoO_2$ 材料研究者认为 $LiCoO_2$ 材料最多有大约 0.55 个锂离子能够进行可逆脱嵌，过多的锂离子脱嵌会造成材料的结构相变、晶格失氧和电解液的氧化分解等。在 $Li_{1-x}CoO_2$ 中，当锂离子脱出量为 $x = 0.07~0.25$ 时，c 轴伸长了 2%，Co—Co 间距离缩短；当 $x = 0.5$ 左右时，锂离子排列由有序转变为无序，接着由六方相转变为单斜相；当 $x > 0.5$ 时，c 轴急剧收缩，晶格尺寸变化加大，进而降低材料的热稳定和循环稳定性能[6]。为了能够充分利用钴酸锂材料中的锂离子，科研工作者对 $LiCoO_2$ 材料衰减机理、掺杂和包覆改性等技术进行了广泛深入的研究，其中以 Al^{3+}、Mg^{2+} 等金属阳离子掺杂及金属氧化物和磷酸盐的包覆研究最为广泛，韩国的 Dahn 等人[7]通过采用磷酸铝包覆 $LiCoO_2$ 材料，将 $LiCoO_2$ 材料放电电压提高到了 4.6V，0.1C 充放电下可逆容量达到 210mA·h/g 以上。Al^{3+}、Mg^{2+} 等金属阳离子掺杂更是进入了实际应用阶段，目前市场应用的高电压

$LiCoO_2$ 材料充电截止电压可以达到 4.5V（Li/Li⁺），大约有 0.65 个锂离子能够进行可逆脱嵌。

目前以钴酸锂为正极材料的锂离子电池在二次电池市场中仍然占据了最大的市场份额。最近几年，由于大屏幕 3C 产品的更新换代，锂离子电池正极材料能量密度急需提高，$LiCoO_2$ 材料在能量密度方面的缺陷空前暴露。目前，对钴酸锂材料能量密度提升的研究主要集中在两个方向：一个是将钴酸锂粉末颗粒做大，并实现单晶化，以提高材料的压实密度，从而提高能量密度；另外一个是对材料进行掺杂和表面惰性材料包覆处理，提高材料的放电电压和循环性能，以提高能量密度。目前钴酸锂材料压实密度已经可以做到 $4.1g/cm^3$ 以上，充电截止电压可达到 4.5V，比容量可以达到 $170mA \cdot h/g$ 以上，在一定程度上进一步提高了钴酸锂电池的能量密度。在目前所有商品锂离子电池体系中，钴酸锂电池是除镍钴铝（NCA）电池以外能量密度最高的锂离子电池体系。

传统制备层状氧化钴锂的方法主要是固相反应法，也有采用溶胶-凝胶法、喷雾分解法、超临界干燥法、喷雾干燥法和沉降法，以实现 Li、Co 离子之间的充分接触，实现原子级水平的反应。

2.2.1.2　锰酸锂正极材料

尖晶石结构 $LiMn_2O_4$ 是以 $[Mn_2O_4]$ 作为骨架结构，由四面体和八面体组成的三维网络，这种网络有利于锂离子的扩散。图 2.5 所示为 $LiMn_2O_4$ 的晶体结构，属于 $Fd3m$ 空间群，具有四方对称性。其中，Li⁺ 占据立方密堆氧分布中的四面体 8a 位置，Mn^{3+}/Mn^{4+} 占据其八面体 16d 位置。锂原子可以通过空着的相邻四面体和八面体间隙沿 8a—16c—8a 的通道在 Mn_2O_4 的三维网络中脱嵌。

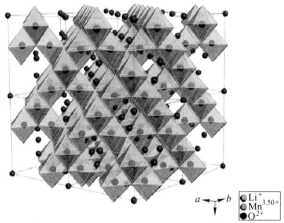

$a \longleftarrow \searrow b$

● Li⁺
● $Mn^{3.50+}$
● O^{2+}

图 2.5　尖晶石 $LiMn_2O_4$ 的晶体结构[4]

锂离子在尖晶石 $LiMn_2O_4$ 材料中的扩散系数为 $10^{-14} \sim 10^{-12}$ m^2/s。$LiMn_2O_4$ 材料的理论比容量为 $148mA \cdot h/g$，实际可逆比容量能够达到 $120mA \cdot h/g$。在充放电过程中，锂离子在尖晶石 $Li_xMn_2O_4$ 材料中的脱嵌过程分为四个步骤：当 $0<x<0.1$ 时，锂离子嵌入单相 $\gamma\text{-}MnO_2$ 中；当 $0.1<x<0.5$ 时，$\gamma\text{-}MnO_2$ 和 $Li_{0.5}Mn_2O_4$ 两相共存，此时对应放电曲线的高压平台部分，约 $4.15V$；当 $x>0.5$ 时，锂离子进一步嵌入，$LiMn_2O_4$ 相和 $Li_{0.5}Mn_2O_4$ 相两相共存，此时对应放电曲线的低压平台部分，为 $3.90 \sim 4.03V$；在放电末期，锂离子嵌入尖晶石结构八面体中的 $16c$ 位置，形成 $Li_2Mn_2O_4$ 相，约 $3V$。在 $4V$ 左右高电压平台区，$Li_xMn_2O_4$ 材料结构比较稳定，当放电电压降低至 $3V$ 左右时，锂离子在 $3V$ 低电压区嵌入/脱出时，Mn^{3+} 大量出现，从而引起 Jahn-Teller 效应，该效应可造成尖晶石结构由立方对称转变成四方对称，材料的结构发生变化，容量快速衰减，高温放电时这一现象尤为明显。因此，$LiMn_2O_4$ 材料的放电截止电压应尽量在 $3V$ 以上。

$LiMn_2O_4$ 材料的高温循环性能和储存性能较差是一直阻碍该材料大规模应用的两个因素。目前为止，研究者认为造成 $LiMn_2O_4$ 材料的高温循环性能和储存性能较差主要是由于以下三种原因造成的：第一，Mn^{3+} 的溶解；第二，电解液的氧化分解；第三，Mn^{3+} 的 Jahn-Teller 效应造成的 $LiMn_2O_4$ 材料结构变化。为了提高 $LiMn_2O_4$ 材料的高温循环性能与储存性能，促进 $LiMn_2O_4$ 材料的产业化应用，科研工作者尝试了多种方式对 $LiMn_2O_4$ 材料进行改进，包括降低比表面积、金属阳离子掺杂和氧化物包覆等，并且取得了很大的成效。目前市场上应用的高端锰酸锂一般为 Al 掺杂的 $LiMn_2O_4$ 材料，并且比表面积较低，甚至将锰酸锂做成单晶状态，以降低比表面积，从而降低 Mn 溶解的扩散面积。Barker 等人[8]发现 $LiMn_2O_4$ 材料中掺杂少量的 Al 可以大幅提高其循环稳定性能，尤其是高温稳定性能。孙玉城等人[9]通过在 $LiMn_2O_4$ 材料的表面包覆 $LiAlO_2$ 材料，经过高温热处理后，粉末表面生成了一层 $LiMn_{2-x}Al_xO_4$ 固溶体，有效改善了 $LiMn_2O_4$ 的高温循环稳定性能和储存性能，但是降低了其比容量。

Terada 等人[10]发现，将 $LiMn_2O_4$ 材料中的部分 Mn 用 Ni 元素替代，可以合成具有同样尖晶石结构的 $LiNi_{0.5}Mn_{1.5}O_4$ 材料，利用 Ni 的价态变化实现高电压化，并可大幅提高 $LiMn_2O_4$ 材料的高温循环性能与储存性能。将 $LiNi_{0.5}Mn_{1.5}O_4$ 材料作为正极材料，石墨作为负极材料，其单体电池平均放电电压约为 $4.5V$，比 $LiMn_2O_4$ 材料搭配石墨负极时，平均放电电压提高了约 $0.6V$，单体电池质量能量密度将比锰酸锂电池提高 $25\% \sim 30\%$，达到 $200W \cdot h/kg$ 以上。尖晶石 $LiNi_{0.5}Mn_{1.5}O_4$ 材料中 Mn^{3+} 含量很少，极大地降低了锰酸锂材料因 Jahn-Teller 效应引起的 $LiMn_2O_4$ 结构的坍塌。但是 $LiNi_{0.5}Mn_{1.5}O_4$ 材料 $4.7V$（Li/Li^+）的高电压在带来高能量密度的同时，也造成了 $LiNi_{0.5}Mn_{1.5}O_4$ 材料产业化应用最大的障碍。4.7V 的高电压平台会造成传统的电解液分解，从而引发了 $LiNi_{0.5}Mn_{1.5}O_4$ 材料电池胀气和负极极化析锂等一系列实际使用问题。目前针对 4.7V 以上的高电压电解液也已经成为国际各大研究机构和公司的研究热点。NEC 公司 Suguro 等人[11]已经开发出了新型的氟化溶剂，可以有效抑制 $LiNi_{0.5}Mn_{1.5}O_4$ 正极材料与电解液界面产生的氧化分解，在 20℃、500 次循环试验后，仍可保持初始容量的80%，45℃高温实验时，500 次循环后仍可保持初始容量的 60%。Wu 等人[12]制备的 $LiNi_{0.5}Mn_{1.5}O_4/Li_4Ti_5O_{12}$ 单体电池可以提供稳定的 3V 电压，循环 1000 次以上，仍可保持初始容量的98%。

2.2.1.3　磷酸铁锂正极材料

磷酸铁锂（$LiFePO_4$）材料是一种新型的锂离子电池正极材料，具有原材料丰富、循环寿命长、放电电压平台稳定等诸多优点。图2.6 所示为橄榄石型 $LiFePO_4$ 的晶体结构，隶属于 *Pbnm* 正交空间群。其中，O 以六方密堆积方式排列，P 占据四面体间隙成［PO_4］四面体结构，Li 离子和 Fe 离子占据八面体间隙分别成［FeO_6］八面体和［LiO_6］八面体，通过共棱共面的方式形成脚手架结构。脱锂过程中，$FePO_4$ 相生成，但由于其结构本质上和 $LiFePO_4$ 没有变化，因此电化学可逆性较好。两相中间产物 Li_xFePO_4 中的锂含量 x 是平台电压

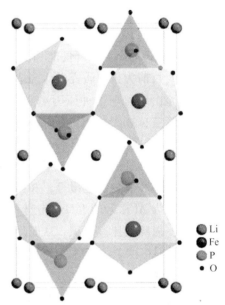

图 2.6　橄榄石型 $LiFePO_4$ 的晶体结构[13]

的函数。对于 $LiFePO_4$，平台电压大约为 3.4V，虽然较层状氧化正极材料低，但是仍然属于高电压材料范围。其理论容量较高，为 $170mA \cdot h/g$，并且因为它具有结构稳定性及化学稳定性，所以具有良好的脱嵌锂循环性能。

$LiFePO_4$ 材料存在两个缺点，严重阻碍了 $LiFePO_4$ 材料的实际应用：

（1）电子和离子电导率均较低，锂离子扩散系数很低，导致普通 $LiFePO_4$ 材料的倍率性能很差。$LiFePO_4$ 材料的电导率为 $10^{-9} \sim 10^{-10}S/cm$，锂离子扩散系数为 $1.8 \times 10^{-10}m^2/s$。由于 $LiFePO_4$ 材料的电子电导率和锂离子扩散系数均较低，锂离子电池的充放电过程受电子电导率和锂离子扩散系数所控制，因此 $LiFePO_4$

材料的倍率性能很差，其电化学性能的发挥也受到很大影响。研究表明，造成 $LiFePO_4$ 材料的电子电导率和锂离子扩散系数较低的原因主要有两个：FeO_6 八面体被位于其层间的 PO_4 四面体分隔，造成材料的电子电导率较低；$LiFePO_4$ 晶体中 O 离子以六方紧密堆积的方式排列，为锂离子提供的传输通道非常有限，阻碍了锂离子的迁移。在提高 $LiFePO_4$ 材料电导率方面，目前对 $LiFePO_4$ 材料改进的研究主要集中在纳米化和碳包覆两个方向，材料的纳米化对 $LiFePO_4$ 离子和电子电导率均有提高，而碳包覆只是对材料的电子电导率有所提高，但是两者都会降低材料的压实密度，从而降低 $LiFePO_4$ 电池的能量密度，而且还会增加材料的制备成本和降低材料性能的一致性。

（2）堆积密度低，$LiFePO_4$ 的理论密度为 $3.6g/cm^3$，目前商业化的多为无规则形 $LiFePO_4$ 粉末颗粒，其振实密度一般不超过 $1.0g/cm^3$，比 $LiCoO_2$、$LiMn_2O_4$ 等的都要小，导致其体积能量密度低。

这两个问题极大地阻碍了 $LiFePO_4$ 材料的产业化进程。在提高 $LiFePO_4$ 材料的堆积密度方面，目前采用的工艺普遍是合成球形磷酸铁，以高密度球形磷酸铁为原料进一步合成高振密球形 $LiFePO_4$。受 $LiFePO_4$ 材料理论比容量的限制，电池单体能量密度的提高空间不大，目前做的最好的一般也只有 $120W \cdot h/kg$ 左右。A123 公司的软包聚合物单体电池可以做到质量能量密度 $126.9W \cdot h/kg$，循环寿命 1500 次（100%DOD）[14]。但是 $LiFePO_4$ 电池长寿命、低成本等很多理论上的优势没有表现出来，说明从技术角度看，$LiFePO_4$ 技术还有较大的提升空间。如果 $LiFePO_4$ 材料批次稳定性和制备成本能够进一步降低的话，该材料在储能领域和备用电源领域将有广阔的应用空间。

2.2.1.4 层状 $LiNi_xCo_{1-x-y}Mn_yO_2$ 正极材料

$LiNi_xCo_{1-x-y}Mn_yO_2$ 材料的研究按照 Ni、Co、Mn 原子的摩尔比主要分为 1：1：1 型、5：2：3 型和 8：1：1 型，也存在一些其他摩尔比正极材料的研究。$LiCo_{1/3}Ni_{1/3}Mn_{1/3}O_2$ 是被最早提出，也是研究最广泛的三元材料，$LiCo_{1/3}Ni_{1/3}Mn_{1/3}O_2$ 具有 α-$NaFeO_2$ 层状结构和 $R3m$ 空间点群。$LiCo_{1/3}Ni_{1/3}Mn_{1/3}O_2$ 中钴以 Co^{3+} 存在；镍以 Ni^{2+} 存在；锰的 Mn-e_g 轨道为全空状态，以 Mn^{4+} 存在。Dahn 认为 $LiCo_{1/3}Ni_{1/3}Mn_{1/3}O_2$ 中电子构型是以 Mn^{3+} 中的一个高自旋态的不稳定电子转移到 Ni^{3+} 上，从而实现更稳定的电子排布[15]，也就是说 $LiCo_{1/3}Ni_{1/3}Mn_{1/3}O_2$ 不是简单的 $LiNiO_2$、$LiCoO_2$、$LiMnO_2$ 三种材料的固溶体，而是具有自身电子结构的新材料。$LiNi_xCo_{1-x-y}Mn_yO_2$ 材料中 Ni^{2+}/Ni^{4+} 是放电反应的主要电化学电对，镍含量越高，可参与电化学反应的电子数越多，材料放电比容量越高，而且 Ni^{2+}/Ni^{4+} 电对的放电电位比钴低，从而可避免 $LiNi_xCo_{1-x-y}Mn_yO_2$ 材料较高的放电电压造成的电解液分解，但是镍含量越高，材料的镍锂混排越严重，会降低材料的电化学性能，并且高镍材料的烧结气氛随镍含量的增加要求越来越苛刻。钴含量越高，晶胞参数均减小，但是 c/a 值逐渐增加，降低了镍锂混排程度，同时钴含量越高，材料电子电导率越高，材料的倍率和循环性能越好，但是钴的放电电压平台较高，所以在相同的放电电压下，钴含量越高，材料的放电比容量越低，三元材料的成本也会增加。锰在 $LiNi_xCo_{1-x-y}Mn_yO_2$ 材料中以 Mn^{4+} 存在，在层状结构中起骨架作用，提高材料的晶格稳定性，不参与电对反应。因此，如何优化 $LiNi_x Co_{1-x-y}Mn_yO_2$ 材料中三种金属元素的比例获得综合性能优异的三元材料是一门重要的课题。

$LiNi_{1/3}Co_{1/3}Mn_{1/3}O_2$ 材料在产业化之初，一直被寄予厚望快速取代 $LiCoO_2$ 正极材料的统治地位，占据正极材料的主要市场，然而该材料的一些固有缺点限制了其大规模应用的速度：首先，较高的首次不可逆容量降低了材料的实际能量密度。其次，$LiNi_{1/3}Co_{1/3}Mn_{1/3}O_2$ 材料的压实密度及放电电压平台均比 $LiCoO_2$ 低，倍率性能及循环性能比 $LiCoO_2$ 差，但是随着高镍 $LiNi_xCo_{1-x-y}Mn_yO_2$ 材料的研究以及电解液与 $LiNi_xCo_{1-x-y}Mn_yO_2$ 材料的匹配度越来越高，其电化学性能已经得到了大幅提高。最后，普通工艺制备的 $LiNi_xCo_{1-x-y}Mn_yO_2$ 材料压实密度（3.3g/cm^3）远远低于 $LiCoO_2$ 材料（4.0g/cm^3），这也就造成虽然三元材料的比容量大于钴酸锂的，但是其电池的能量密度却并不一定高于钴酸锂的。随着三元材料制备工艺的改善，压实密度以及充放电电压的提高，三元材料的能量密度优势就会逐渐凸显，替代钴酸锂是一个必然的结果。

$LiNi_xCo_{1-x-y}Mn_yO_2$ 正极材料的应用更加广泛，不止限于 3C 类电子产品，随着三元材料制备工艺及电池制备技术的进步，目前对纯三元材料作为正极材料的动力锂离子电池的研究越来越多，国内的 ATL 和力神等公司均已经开始了纯三元动力电池的研究工作。

2.2.1.5 层状镍钴铝正极材料

层状镍钴铝正极材料 $LiNi_xCo_{1-x-y}Al_yO_2$，简称 NCA 正极材料。$LiNi_{0.8}Co_{0.15}Al_{0.05}O_2$ 材料为最成熟、最典型的一款 NCA 正极材料，4.3V（Li/Li^+）放电时，比容量在 185mA·h/g 以上。NCA 正极材料的研究起源于 $LiNiO_2$ 材料，是对 $LiNiO_2$ 进行钴和铝的共同掺杂所得产物，因掺杂后 Co 和 Al 占据 Ni 位，故其晶体结构与 $LiNiO_2$ 相似，为 α-$NaFeO_2$ 型层状结构，属 $R3m$ 空间群，其中 O^{2-} 占据 6c 位置构成 fcc 点阵，Li^+ 和 Ni^{3+}（以及 Co^{3+}、Al^{3+}）交替占据八面体间隙的 3b、3a 位。Co 在 NCA 材料中的作用机理和三元材料中 Co 的作用基本一致，掺杂 Co 后，晶胞参数均随着 Co 的掺杂量增大逐渐减小，c/a 值逐渐增加，镍锂混排程度逐渐降低，并且可以降低 Ni^{3+} 的 Jahn-Teller 扭曲，提高材料的循环性能和热稳定性。

Shim 等人[16] 对不同 $LiNi_xCo_{1-x-y}Al_yO_2$ 样品利用 X 射线衍射实验分析其结构发现，Co^{3+} 和 Al^{3+} 的掺杂对晶体结构的改变主要表现在：

（1）晶格参数 a 的减小，表征 M—O 键（M=Co，Al）的键长降低；

（2）晶格参数 c 的减小，表征 M—O 层层间距减小；

（3）峰强比值 $I_{(003)}/I_{(104)}$ 的增大，（110）（018）峰间分裂程度增大，表征材料内 Li^+ 和 Ni^{3+} 混排程度降低，层状结构更加完好。

上述参数的变化，均说明钴、铝的共掺杂提高了材料的二维层状特性。

NCA 正极材料产业化时间并不短，法国 Saft 公司在 20 世纪 90 年代后期就实现了 NCA 正极材料的产业化，并首先推出了 NCA 锂离子电池，只是发现 NCA 锂离子电池的安全性和循环稳定性都存在一定问题。美国 Berkeley 实验室对 Saft 公司合成的 $LiNi_{0.8}Co_{0.15}Al_{0.05}O_2$ 正极材料进行了研究，发现该材料在室温下的循环稳定性很优异，高温放电时，材料容量损失较大，在 60℃，$0.5C$ 倍率放电时，140 周循环后容量损失达到了 65%，并发现随着循环的进行，NCA 正极材料的电极阻抗逐渐增高[17]。随后在接下来的十多年时间里，NCA 正极材料一直不温不火，日韩也只有在 3.0A·h 容量的高端锂离子电池中才会采用 NCA 正极材料。直到 2013 年，随着 Tesla 公司对其电动跑车的成功商业化运作，Tesla Model S 电动跑车在 2013 年 1 季度销售 4750 台，成为美国电动汽车销售榜冠军，其电动跑车采用的 NCA 动力电池再一次引发了国内锂电界对 NCA 正极材料的产业化热潮。Tesla Model S 电动跑车采用的 NCA 动力电池包总容量为 60kW·h 和 85kW·h 两种，具有 120W·h/kg 的质量能量密度，分别可行驶 370km 和 480km 里程。动力电池由 6831 节 18650 锂离子电池组成，其单体电池为日本松下提供的 18650 型 NCA 锂离子电池，容量可以达到 3.0A·h。NCA 正极材料是目前能够产业化的最高比容量的正极材料，只是由于材料制备和电池制备均具有较高的难度，因此 NCA 锂离子电池成本一直居高不下。Tesla 公司成功将其用于动力电池，并商业化成功，无疑给锂离子电池的新能源之路提供了一个全新的思路，NCA 正极材料此次再次成为产业化研究热点，也体现了人们对高能量密度的锂离子电池正极材料的迫切需求。

2.2.1.6 层状富锂锰基材料

层状富锂锰基 $xLi_2MnO_3·(1-x)LiMO_2$ 是以层状 Li_2MnO_3 材料与层状 $LiMO_2$ 材料，如 $LiNiO_2$、$LiCoO_2$、$LiMnO_2$、$LiNi_xCo_{1-x-y}Mn_yO_2$ 等材料形成的层状固溶体材料。Li_2MnO_3 与典型的层状结构 $LiMO_2$ 材料具有相同的氧离子排布结构和层间距，因此两者可以实现原子级结合，形成层状固溶体材料，高分辨率透射电镜都不能对两种单独相进行区分。

Li_2MnO_3 和 $LiMO_2$ 材料一样，具有层状结构，$C2/m$ 空间点群，O 离子以立方密堆积排列。Li_2MnO_3 中 Li、Mn 离子分别占据 O 离子形成的八面体位，与层状正极材料 $LiCoO_2$、$LiNiO_2$ 等不同的是，其金属层以 Li 离子和 Mn 离子混合层的方式存在，一层为 Li 离子单独成层排列，另一层为 Li 和 Mn 离子按照摩尔比 1：2 成层排列，两层交替排列形成 $Li[Li_{1/3}Mn_{2/3}]O_2$ 结构，层间距均为 0.47nm。$LiMO_2$ 材料由于自身结构不稳定等原因，宽电压范围充放电受到限制，不能发挥其理论比容量。科研工作者研究发现 Li_2MnO_3 在脱出 Li_2O 后形成稳定层状结构的 MnO_2，而 Li_2MnO_3 与 $LiMO_2$ 又可以形成原子级别结合的固溶体材料。Thackeray 等人最早提出了将 Li_2MnO_3 与 $LiMO_2$ 形成固溶体复合材料 $xLi_2MnO_3 \cdot (1-x)LiMO_2$，可以在宽电压范围内充放电时实现材料结构的稳定，其先后对 $xLi_2MnO_3 \cdot (1-x)LiNi_{0.5}Mn_{0.5}O_2$、$xLi_2MnO_3 \cdot (1-x)LiMn_{1/3}Ni_{1/3}Co_{1/3}O_2$、$Li_2MnO_3\text{-}LiCoO_2$ 等不同固溶体体系进行了研究，合成了具有高放电比容量的层状富锂锰基固溶体材料[18]。$xLi_2MnO_3 \cdot (1-x)LiMO_2$ 材料主要存在首次不可逆容量高、倍率性能较差两个缺点。首次不可逆容量高和 Li_2MnO_3 的结构存在直接的关系，首次充电时，Li_2MnO_3 中的 Li_2O 第一次脱出后，晶格内部氧离子脱出，减少了放电时锂离子回嵌所需的八面体空位，只能嵌入一个锂离子，造成 $xLi_2MnO_3 \cdot (1-x)LiMO_2$ 材料的首次不可逆容量较高；倍率性能较差的原因主要是 Mn 离子在 Li_2MnO_3 结构中以+4 价存在，已经为最高价态，不能被继续氧化，为锂离子的嵌入脱出反应提供电化学电对，导致电化学活性较差，增加了 $xLi_2MnO_3 \cdot (1-x)LiMO_2$ 材料电池在充放电过程中的电化学阻抗[19]。

在新能源汽车的研究热潮中，各大研究机构与汽车巨头都在寻求可使 EV 续航里程达到 200mi，约合 320km 的动力锂离子电池技术，固溶体类正极材料的出现让锂电界看到了希望。各大锂电池厂商及科研机构纷纷参加到固溶体材料的研发热潮当中。美国的 Envia Systems 公司在 2010 年公布了该公司研制的富锂锰基固溶体类正极材料 $Li_2MnO_3\text{-}LiMO_2$（M=Ni，Mn，Co）的锂离子电池，其层压型单体电池质量能量密度可达 250W·h/kg。2012 年，该公司又宣称采用富锂锰基固溶体材料与 Si-C 负极材料搭配，成功制备了质量能量密度超过 400W·h/kg 的锂离子单体电池。美国 Naval Surface Warfare Center 对 Envia Systems 公司的 45A·h 层压型电池单元进行评估测试：当放电深度为 80% 时，以 1/20C 倍率放电，质量能量密度可达到 430W·h/kg；以 1/3C 倍率放电时，质量能量密度可达 392W·h/kg；采用扣式电池测试，300 次循环后仍保持初始放电比容量的 91%[20]。富锂锰基固溶体材料由于其超高的比容量无疑已经成为科研界最热门的锂离子电池正极材料研究之一。

2.2.2 锂离子电池的负极材料

金属锂是应用最早的锂离子电池负极材料，具有高达 $3860mA \cdot h/g$ 的质量比容量。但是，在充放电过程中容易生成锂枝晶，刺穿隔膜，导致电池短路，存在电池起火等重大安全隐患。自金属锂退出负极材料舞台，碳材料逐渐成为当今商品化锂离子电池负极材料的主流。根据嵌脱锂反应机理，可以大致将现在的负极材料分为以下三类：插入反应类（碳类负极材料等），合金反应类（锡基、硅基材料等）以及转换反应类（过渡金属氧化物、硫化物等）。

2.2.2.1 碳材料

碳材料是当今锂离子电池使用最广泛的一种负极材料，锂离子电池的碳素材料可大致分为石墨类、软碳材料和硬碳材料。石墨为层状结构，理想石墨层间距为 0.335nm，层内的碳原子以共价键方式结合，层间的碳原子依靠范德华力连接。在室温下，每 6 个石墨碳原子间嵌入 1 个锂原子，使其层间距增加，但并未破坏二维层状结构，最终形成 LiC_6 化合物。石墨的嵌锂电位接近 Li/Li^+，为 $0.05 \sim 0.2V$，理论容量为 $372mA \cdot h/g$。尽管石墨碳材料具有高的比容量、低且稳定的放电平台、充放电期间体积变化小等优点，但是它对电解液的组成非常敏感，尤其不适合含 PC 电解质的溶液，且耐过充电性差，充放电过程石墨结构容易损坏。

无定型碳根据石墨化难易程度可分为硬炭（2500℃以上高温难以石墨化）和软炭（2500℃以上高温能石墨化）。硬炭材料是高分子聚合物的热解炭，其嵌锂位置不仅包括碳碳层间，还包含颗粒与颗粒之间的孔隙，容量可高达 1000 $mA \cdot h/g$。但是在充放电过程中，其具有较大的首次不可逆容量和电压滞后现象，脱锂电位高，电压平台不明显等问题。软炭是经液相炭化形成的一类非晶型碳材料，用于锂离子电池最常见的是石油焦，因为它资源丰富，价格低廉。石油焦对电解液的适应性强，耐过充性强，但充放电电位曲线无平台，且平均嵌锂电位也比较高（1V），限制了电池的能量以及容量密度。

针对石墨类碳以及无定型碳存在的缺点进行以下方面的改进：

（1）对已知各种碳材料通过表面处理、掺杂离子、机械球磨等方法进行改性。

（2）通过新技术、新手段开发新型材料结构。

随着纳米技术的发展，人们发现了一维碳纳米管结构、二维石墨烯结构等一系列碳纳米材料。目前，大量的研究表明这些碳材料在锂离子电池中具有巨大的应用前景，已经成为了锂离子电池负极材料热门的研究方向。

2.2.2.2   合金类

为了满足日益增长的能量密度需求，合金类（锡类、硅类）材料成为最可能替代商业化石墨的负极材料。虽然这些合金类材料具有非常高的理论质量比容量（例如单质锡的理论容量约为 1000mA·h/g，单质硅的容量可达 4200mA·h/g），但是充放电过程中巨大的体积效应（300%）造成颗粒粉化，并使活性材料与集流体脱落失去电接触，导致电极的循环稳定性很差。为减小合金类材料的体积效应，提高其循环性能，科学家做出了很多努力和尝试。研究证明，纳米化和无定型化是解决这个问题的有效方法。Chan 等人[21]制备出 Si 纳米线，制备的电极可达到理论容量且不存在颗粒粉化问题，展现出良好的循环性能。另一种解决方法是制备 M_1M_2 金属间化合物如 Ni_3Sn_4 合金。在此复合材料中，金属 Sn 作为活性物质参与电化学反应提供容量，金属 Ni 则在其中起到体积效应缓冲剂的作用。2005 年，Sony 公司宣布了一种新型的商用锂离子负极材料"无定型 Sn-Co-C"，这也预示着石墨负极将会逐渐被金属类负极取代。

2.2.2.3   过渡金属类负极材料

自 2000 年 Tarascon 课题组[22]报道了过渡金属氧化物 M_xO_y（M = Co、Ni、Cu、Fe 等）作为锂离子电池负极材料具有良好的电化学性能以来，过渡金属氧化物就有望成为新一代的锂离子电池负极材料。它不仅容量高（如 Fe_2O_3 的理论容量为 1007mA·h/g）、原料丰富、成本较低，并且对环境无污染，能够满足大功率电子器件对锂离子电池材料的要求。过渡金属氧化物处理机制与插入式石墨负极、合金化合金负极均不同，它的反应为置换反应，电化学过程从单质锂和金属氧化物置换生成单质金属及氧化锂。这种反应机理虽然能提供很大的容量，但是在此过程中，由于体积发生巨大膨胀，产生内应力，导致材料结构崩塌，晶粒粉化，最终影响电化学寿命。另外多次充放电后，邻近的颗粒容易发生团聚，也使最初的形貌受到破坏。而且这类氧化物的嵌锂电位一般都比较高，与正极组合成全电池时导致整个电池的电压偏低，无法达到理想的功率密度以及能量密度要求。为了解决以上问题，研究表明，通过水热法、溅射法等可有效控制晶粒大小，制备纳米材料，或者掺杂引入碳材料（如无定型碳、碳纳米管、石墨烯等）进行改性，能有效提高材料导电性，缓解应变带来的体积效应，从而改善电化学性能。

2.2.3   锂离子电池其他组成及工作原理

电解质溶液主要包括 $LiPF_6$、$LiBF_4$、$LiClO_4$ 等，溶剂主要有碳酸乙烯酯（EC）、碳酸二甲酯（DMC）、碳酸丙烯酯（PC）和氯碳酸酯等，通常采用多种溶剂组成的混合溶剂。而隔膜材料一般是高分子微孔膜，单层或多层的聚丙烯（PP）/聚乙烯（PE）微孔膜，也可以是复合材质的 PP/PE/PP 膜等。通常正极材料以铝箔为集流体，负极材料以铜箔为集流体，电极多采用粘接式，即将活性物质与导电材料、粘接剂混合后滚压到集流体表面，经过干燥后制得。

锂离子电池又称"摇椅电池"，其本质是浓差电池，其工作原理如图 2.7 所示。充电过程中，在外电场的作用下，锂离子从富锂态正极材料脱出，经过隔膜到达贫锂态负极材料，而外电子通过外电路到达负极以保持材料的电荷平衡。此时负极的锂离子浓度较高，正极的锂离子浓度较低。在放电过程中，锂离子从富锂态负极材料中脱出，进入电解液到达贫锂态正极材料，外电子经过电路负载到达正极。正常的充放电过程中，锂离子在正负极的嵌入脱出并不会引起材料结构的破坏，只会影响晶胞的大小，正是由于这样的可逆过程保证了锂离子电池的优异可逆性，从而保证了锂离子电池的循环寿命。

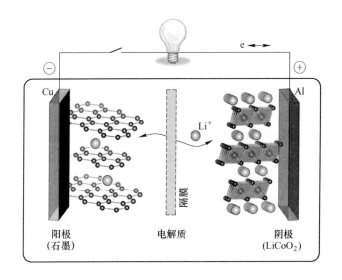

图 2.7　锂离子电池的工作原理图[23]

以正极材料 $LiMO_2$，负极材料 C 为例，电化学反应方程式如下：

电池：$$LiMO_2 + 6C \rightleftharpoons Li_{1-x}MO_2 + Li_xC_6$$

正极：$$LiMO_2 \rightleftharpoons Li_{1-x}MO_2 + xLi^+ + xe$$

负极：$$6C + xLi^+ + xe \rightleftharpoons Li_xC_6$$

因此，正负极材料的种类与性质影响着锂离子嵌入脱出的效率，也决定了整个锂离子电池储锂性能的优劣。所以选择合适的正负极材料至关重要，总的来说，它们应该具备以下特点：

（1）Li^+ 在材料的表面及内部扩散速率快，从而保证电池的快速充放电；

（2）材料具有良好的导电性，并且具有良好的结构稳定性和化学稳定性；

（3）正极材料应具有较高的电极电位，负极则具有较低的电极电位，从而保证整个电池系统比较高的能量密度和功率密度；

（4）正负极材料的制备方法应简单易行，且对环境无污染，成本较低。

2.3　锂离子电池的特点及应用

和传统的蓄电池相比，锂离子电池在性能上具有显著的优越性，主要有以下优点：

（1）能量密度高。其体积能量密度和质量能量密度分别可达 400W·h/h 和 200W·h/kg。

（2）工作电压高。通常锂离子电池的输出电压大约为 3.6V，大约为镍镉和镍氢电池的 3 倍。

（3）自放电率低，每月 10% 以下。锂离子电池在非使用状态下，储存时几乎不发生化学反应，相当稳定。锂离子电池在首次充电过程中会在碳负极上形成一层固体电解质界面膜（SEI 膜），它只允许离子通过而不允许电子通过，因此可较好地防止自放电。

（4）循环寿命长。通常都可以达到 1000 次以上，磷酸铁锂动力电池可以达到 2000 次以上，比铅酸电池 300~500 的循环寿命高得多。

（5）安全性能较好。与锂电池相比较，锂离子电池采用碳材料作负极，可以避免形成锂枝晶，具有抗短路，抗过充，抗冲击，不易起火和爆炸等特点，并可以保证在高倍率下充放电时的安全性。

（6）允许工作温度范围宽。可在 -20~60℃ 范围内正常工作，其高温性能好于其他各种电池。

（7）无记忆效应，自放电率低，可随时反复充放电使用。

（8）对环境友好，为绿色的环保电池，不含 Pb、Cd 和 Hg 等有毒重金属。

当然，锂离子电池也存在一些不足之处，如成本高和兼容性差的问题，但随着新材料的研发以及制备工艺的改进，这些问题有望得到解决。目前，传统锂离子电池使用的正负极电极材料分别为钴酸锂和石墨，其能量密度已达极限值（200W·h/kg），并且存在锂离子扩散速率慢、材料利用率低等问题。因此，开发低成本、高安全性、高功率密度、高能量密度、绿色环保的新型电极材料不仅具有良好的经济效益和社会效益，而且具有重要的战略意义。

2.4　二维过渡金属二硫属化合物纳米结构在锂离子电池中的应用

当一种材料的尺寸向某一个或几个维度减小时，所得到的低维材料会展现出与体材料完全不同的特性。最简单的例子就是将石墨块减小维度后得到的二维石墨烯、一维碳纳米管和碳纳米线及零维石墨烯量子点等低维材料。无论在实际应用上还是实验研究中，这些低维材料都引起了人们广泛的兴趣，其中以最近十年研究比较热的石墨烯及石墨烯类似物最为突出。但是随之而来也有一个问题，单原子层厚度的材料在自然环境中存在吗？对于这个问题的研究最早可以追溯到1930 年左右。当时有人研究过单原子层厚度片状材料的热稳定性，实验结论是不稳定。同时有理论学家也做出预测，即使是性能比较稳定的碳材料，其单原子层厚度的结构也不会存在，因为这种结构中表面能很小。

然而，2004 年 Geim 等人[24]通过机械剥离的方法制备出了单原子层厚度的石墨烯，并发现其在室温条件下能稳定存在。测试发现，石墨烯面内有很强的碳的共价键存在，而在层间只有比较弱的范德华力。人们把具有这种特征，即面内具有很强的原子相互作用，而面间只有微弱的相互作用，可以被剥离成原子层厚度的材料称为二维材料。二维材料是一个很大的家族，包括石墨烯及其石墨烯类似物（氮化硼、碳氮化硼、氟代石墨烯和氧化石墨烯等），过渡金属硫属化合物（TMDCS），以及过渡金属氧化物（如氧化钛基和钙铁矿基的氧化物）等[25,26]。

由于其电子被限制在二维平面方向运动，二维材料会体现出一些不同于三维体材料的力、热、电、光的性质。这些特性使得二维材料将会在未来的几年到数十年之间成为物理、材料、生物、化学等领域研究的重点和热点。目前其在能源转换和储存、生物催化和探测、柔性智能电子器件等领域已经展现出了极大的潜在应用。

二维层状 TMDCs 其分子式是 MX_2（M 为过渡金属元素，包括第四主族的Ti、Zr、Hf 等，第五主族的 V、Nb 或 Ta，以及第六主族的 Mo、W 等。X 是硫族元素（S，Se 或 Te））。二维层状过渡金属硫属化合物（TMDCs），一种不同于石墨烯的零带隙结构，因为其具有厚度依赖性的能带结构和易调控的物理化学性能，而在众多二维材料中展现出了巨大的优势和发展前景。1983 年，B. Krebs等人以水为溶剂合成了相关金属硫或硒的化合物，讨论了此类化合物的水热合成方法[27]，得到的化合物以碱金属和碱土金属阳离子为平衡阳离子。1989 年，Bedard[28]首次以季铵盐 R_4N^+（R＝Me、Et、Pr 等）为模板剂，采用水热法合成了开框架结构的 Ge/Sn 硫属化合物，开创了较低温下合成有机杂化硫属化合物的先例。从此，低温溶剂热法成为了人们合成硫属化合物的首选方法。1996 年，Kanatzidis 等人[29]以螯合胺乙二胺的水溶液为模板剂，获得了 2D 锑硫化合物$[Co(en)_3]CoSb_4S_8$，打破了以非螯合胺为模板剂的限制，实现了从非螯合胺到螯合胺的溶剂转变。2006 年，Vaqueiro[30]首次以乙二胺为溶剂，采用溶剂热方法合成了 4 种含有过渡金属配阳离子的镓硫属化合物，其中化合物$Mn(en)_2Ga_2S_4$ 结构是由 1-D$[GaS]^-$ 阴离子和 $[Mn(en)_2]^{2+}$ 阳离子共价相连而形成的。

1999 年，Yu[31] 报道了一种新颖的溶剂热法合成 CdS 纳米晶，他们改进了必须用高温退火或者只有在 H_2S 或 H_2/H_2S 氛围下才能得到 ZnS/CdS 纳米晶的苛刻条件，在较低温度下（100～180℃）用镉盐和硫脲为前驱体，以有机胺为反应溶剂就得到一系列 CdS 纳米晶。这种很好地控制反应物的形貌和尺寸的新型溶剂热方法，为合成较小尺寸的硫属化合物提供了一个新的思路，为用温和的方法合成有机-无机杂化硫属化合物领域作出了极大的贡献。2002 年，Dai 课题组[32] 通过溶剂热方法合成了一种有机杂化硫化锌材料。2005 年 Yao 等人[33] 采用联氨为辅助溶剂，二乙烯三胺和水为主要溶剂的三元溶剂体系，在较低温度下通过控制三种溶剂的体积比来控制产物的形貌，得到一系列纳米材料。

早在 20 世纪 70 年代，金属硫化物就被认为有着广泛应用前景。1975 年美国 Exxon 公司的 Whittingham 采用硫化钛（TiS_2）、金属锂作为正负极材料，二噁戊烷-$LiClO_4$ 作为电解液的电池体系，开发出首个锂金属二次电池（Li/TiS_2）。20 世纪 80 年代，加拿大 Moli 能源公司选用 MoS_2 作为正极材料，设计出第二个商品化锂金属二次电池。随后，过渡金属硫化物受到越来越多的关注。金属硫化物与锂离子反应电压常在 0～3.5V 之间变化，这主要取决于金属和硫之间的离子键的不同。所以根据不同的电压，有些过渡金属硫化物被用于锂离子电池正极材料（TiS_2、Co_9S_8、NiS、CuS、ZnS 等），有些过渡金属硫化物被研究用于锂离子电池负极材料（MnS、FeS_2、Al_2S_3、SnS_2、Ag_2S 等）。另外，有些过渡金属硫化物如 FeS_2 既可被用于负极材料，也可被用于正极材料。因此，金属硫化物因其独特的电化学性能和技术应用受到越来越多的关注，并使其在锂离子电池材料方面显现出了极大的潜力。

通过不同的制备方法，合成不同形貌、尺寸、晶体构型的过渡金属硫化物，最终都将对材料的电化学性能造成不同的影响，如二元 CoS_2 空心球[34]、MoS_2 纳米片[35]、SnS_2 纳米带[36]、介孔 Cu_2SnS_3 微球、白菜状 Cu_2SnS_3 纳米结构[37,38]、花状 Cu_3BiS_3 多级结构[39]、$CuInS_2$ 微球[40]、Bi_2S_3 纳米花[41]、TiS_2 和 TiS_3 薄膜材料[42]、多级结构的螺旋体状 ZnS 纳米粒子[43]、HgS 纳米粒子[44]、Fe_3O_4 中空多级纤维[45]、MoS_2 包覆碳纳米管[46]、MoS_2@介孔碳 CMK-3 纳米复合材料[47]、有序介孔 MoS_2[48] 和 WS_2[49]、C@FeS 纳米片[50]、CuS 空心球[51] 等。

金属硫化物电极材料的制备除了前面介绍的方法，还有热注塑法[52]、液相剥离法[53]、喷雾热分解法[54]、电化学沉积法[55]、微波合成法[56]、阳离子交换法[57] 以及原位生长法[58] 等。

2.4.1　钼基二硫属化合物

MoS_2 是典型的过渡金属硫化物，具有二维层状结构[59~62]。MoS_2 的独特结构使其拥有特殊的化学和物理性能，是其作为锂离子电池负极材料时展现出优异电化学性能的重要原因。

层状过渡金属硫化物作为锂离子电池负极的最大优点是能够提供良好的锂离子扩散路径，并能在发生体积膨胀时作为缓冲介质，降低体积效应带来的影响，保持锂离子电池良好的电化学性能，是最有发展前景的负极材料之一。Fang 等人[63]以商业化 MoS_2 作为研究对象，分析了不同电压区间的储锂机理：嵌脱锂产物在 1.0~3.0V 的电压范围内可以立即溶解与析出；当深度放电至 0.01V 时，二硫化钼被还原成金属 Mo 及 Li_2S，而金属 Mo 充电至 3.0V 时仍不能氧化，因此循环的氧化还原对为 Li_2S/S，而非 Li_xMoS_2。研究认为金属钼在 Mo/Li_2S_x 纳米组分晶界部分储存能量的过程中或者界面间起了电子导电相的作用，同时，抑制了氧化还原对在电解液中的溶解，所以金属钼的纳米化被认为是提高电池循环稳定性的主要原因。Bindumadhavan 等人[64]将多壁碳纳米管（MWCNT）与 MoS_2 以1：1的比例复合，在 0.01~3.00V 区间以 100mA/g 的电流密度循环，首次充电比容量为 1214mA·h/g，循环 60 次的容量保持率约为 85%。Wang 等人[65]用水热法合成了厚度约 5~10nm 的花状硫化钼纳米片，研究发现，产物颗粒尺寸对电化学性能有很大影响，其中最佳尺寸的硫化钼可逆容量高达 994.6mA·h/g，电化学性能优异。

2.4.2 钴基硫化物

根据 Co-S 相图，钴硫化合物可以存在于不同的化学计量比，如 Co_4S_3、Co_9S_8、CoS、Co_3S_4、Co_2S_3 和 CoS_2，拥有丰富的结构化学和可区分的性能。

在钴硫化物不同晶体结构中，Co_9S_8、CoS、CoS_2 作为储能系统电极材料已经被广泛研究。相同计量比的 CoS 空间群 $P6_3/mmc$（$a = b = 0.337nm$，$c = 0.514nm$）在本质上是六方晶型。根据方程式 $CoS+2Li^++2e \rightleftharpoons Co+Li_2S$，其两个电子转换反应对应理论容量为 590mA·h/g。黄铁矿型 CoS_2 的立方晶型与空间群 $Pa3$（$a=b=c=0.553nm$）相一致，其中，硫原子以 S_2^{2-} 阴离子的形式在晶格中与 Co^{2+} 阳离子配对（见图 2.8（a））[66,67]。CoS_2 理论容量为 870mA·h/g，对应的方程式：$CoS_2+4Li^++4e \rightleftharpoons Co+2Li_2S$。然而，考虑到夹层和转换反应都发生在 3.0~0.0V 的电压范围，嵌锂反应形成 Li_xCoS/Li_xCoS_2 中间体，随后是中间的体置换反应，形成 Li_2S 和 Co。另外，Co_9S_8 空间群 $Fm3m$（$a=b=c=0.9927nm$）是由立方密堆积排列的原子组成，其中 8/9 的 Co 原子与四面体 S 原子配对，另外的 1/9 的 Co 原子与八面体的 S 原子配对（见图 2.8（b））[68]。Co_9S_8 与锂的反应机理可以表述为：$Co_9S_8 + 16Li + 16e \rightarrow 9Co + 8Li_2S$ 大约为 1.0V，对应 539mA·h/g 理论容量。

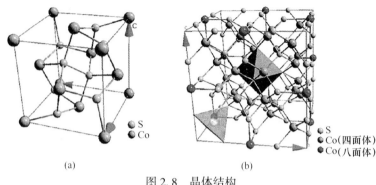

(a)　　　　　　　　　　　　(b)

图 2.8　晶体结构

（a）黄铁矿型 CoS_2；（b）Co_9S_8

纳米钴硫化合物可以使用模板辅助法合成。如 CoS 多面纳米笼是由一个介孔金属-有机框架（MOF）衍生出来，CoS 和 Co_9S_8 可以通过阴离子交换反应分别成功地从 Co_3O_4 和 $Co(CO_3)_{0.5}(OH)_x \cdot 11H_2O$ 转换生成。此外，通过先对特定结构的碳酸钴类化合物进行热分解然后再硫化，也可合成钴硫化物。Ko 等人[69]演示了一个两步反应法制备过程（喷雾热解法和硫化）来合成 Co_9S_8 蛋黄-蛋壳结构微球（直径 700nm）。在对比实验中，如图 2.9 所示，在电流密度 1A/g 下

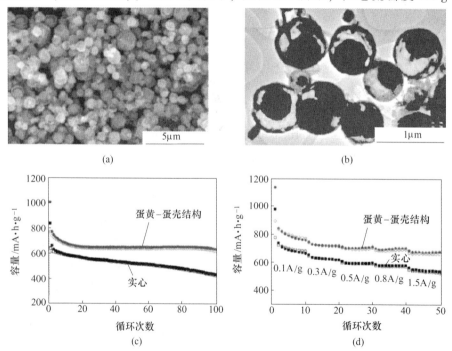

图 2.9　核壳 Co_9S_8 微球 SEM 图（a）和 TEM 图（b）及蛋黄-蛋壳结构的 Co_9S_8 与实心 Co_9S_8 微球循环性能图（c）和倍率性能图（d）[69]

首次充放电循环后，蛋黄-蛋壳结构的 Co_9S_8 微球能够提供相比于实心 Co_9S_8 微球（838/638mA·h/g）更高的放电/充电容量（1008/767mA·h/g）。并且，100次循环后蛋黄-蛋壳结构的 Co_9S_8 微球能维持82%的初始容量，而实心 Co_9S_8 微球容量衰减严重。同样，Liu 等人[70]通过溶剂热方法已经成功合成三维分层硫化钴纳米结构，其独特的架构可以提供大的接触表面积。Wang 等人[71]发现 Co_9S_8 纳米管显示出比 Co_9S_8 纳米颗粒更好的电化学性能。除了纳米化优化的钴硫化物的电化学性能外，碳质支架，比如碳纳米管[72]、还原氧化石墨烯[73]，也用作钴硫化物沉积的机械刚性构架，来解决材料的电子导电性和团聚问题。

2.4.3 镍基硫化物

镍硫化合物由不同 Ni、S 比组合的化合物构成，包含有 $Ni_{3+x}S_2$、Ni_3S_2、Ni_6S_5、Ni_7S_6、Ni_9S_8、NiS、Ni_3S_4、NiS_2。因为镍基硫化物丰富的化学性质，它们能应用于众多领域，如太阳能电池[74]、催化剂[75]、锂离子电池[76]和超级电容器[77]的电极。其中 NiS、Ni_3S_2、NiS_2、Ni_3S_4 应用于锂存储的电极材料引起了研究者极大的兴趣。

NiS 在温度的影响下会经历相变，因此，低温下有斜方六面体 β-NiS 相（$a=b=0.342$nm，$c=0.53$nm，空间群 $R3m$），高温下有六方晶系的 α-NiS（$a=b=0.962$nm，$c=0.316$nm，空间群 $P6_3/mmc$）。根据两电子转移反应：$NiS+2Li^++2e \rightleftharpoons Ni+Li_2S$（约 1.4V（Li/Li$^+$）），NiS 的理论容量为590mA·h/g。$Ni_3S_2$，斜六方体的结构空间群 $R32$（$a=b=0.408$nm，$\gamma=89.5°$），其理论容量446mA·h/g 对应的方程式：$Ni_3S_2+4Li^++4e \rightarrow 3Ni+2Li_2S$（约 1.2V（Li/Li$^+$））。$NiS_2$ 为立方晶胞空间群（$a=b=c=0.5689$nm），根据电化学方程：$NiS_2+4Li^++4e \rightleftharpoons Ni+2Li_2S$（约 1.5V（Li/Li$^+$）），$NiS_2$ 的理论容量约为870mA·h/g。然而，Yamaguchi 等人[78]提出，NiS_2 的锂存储反应会形成 Li_2NiS_2，随后是中间体 Li_2NiS_2 的自分解；或者形成 NiS 中间体，随后是 NiS 还原成金属 Ni。Ni_3S_4 为立方晶体结构空间群 $Fd3m$（$a=b=c=0.949$nm）。Ni_3S_4 锂化机理遵循的两步反应：$Ni_3S_4+xLi^++xe \rightleftharpoons Ni+Li_xNi_3S_4$（约 1.5V（Li/Li$^+$））和 $Li_xNi_3S_4+(8-x)Li^++(8-x)e \rightleftharpoons 3Ni+4Li_2S$（约 1.1V（Li/Li$^+$）），产生的理论容量为705mA·h/g。

传统方法，如高温固相反应[79]和球磨法[80]，已被报道用来制备镍硫化合物。而水热/溶剂热法、电沉积法和胶体合成法可用于合成良好组成和形态的纳米结构。例如，Mi 等人[81]使用溶剂热法合成海胆状 NiS，在电流密度10mA/g 下能提供567mA·h/g 初始放电容量，接近理论值。Wang 等人[82]报道的使用水热方法合成的由纳米棒组装的分层 NiS 微球，其在电流密度 50mA/g 下初始放电容量为 588mA·h/g。

此外，在集电器（如泡沫镍或铜箔）上原位生长硫化镍纳米结构已被证明是另一个增强锂存储性能的互补路线。独特的体系结构为活性材料和集电器之间提供了亲密的电子接触，这有利于改善电极的动力学过程。例如，在镍箔基底上，在碱性环境和硫粉存在的条件下，可以通过简单的镍前驱体沉淀生成大规模取向生长的 Ni_3S_2 纳米线阵列[83]。图 2.10（a）所示为 Ni_3S_2 纳米线阵列的形貌。得到的 Ni_3S_2 纳米线阵列电极在电流密度 45mA/g 条件下首次放电/充电容量为 480/430mA·h/g，而且，该电极能够在 100 次循环后保持的容量超过 80% 的初始值，如图 2.10（b）所示，相比于 Ni_3S_2 薄膜电极，它保留了更高的容量。此外，在镍基板上水热合成的地毯状的 Ni_3S_2 在电流密度 50mA/g 下 60 周期后仍能维持 85% 的初始容量。

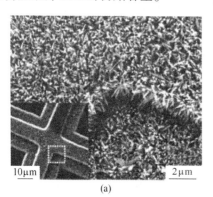

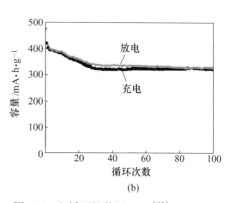

(a)　　　　　　　　　　　　　　　(b)

图 2.10　Ni_3S_2 纳米线阵列的 SEM 图（a）和循环性能图（b）[83]

2.4.4　铁基硫化物

FeS_2 和 FeS 是目前研究较多的两种硫化铁。陨硫铁矿型 FeS 显示了一个基于 NiAs 结构（$a = 0.367$nm，$c = 0.504$nm）的 Fe^{2+} 和 S^{2-} 离子交替 c 平面的六方晶型结构（见图 2.11（a））。FeS 的脱锂和嵌锂反应可被描述为 $FeS + 2Li^+ + 2e \rightleftharpoons Li_2S + Fe$，相应的电压平台为 $1.6V(Li/Li^+)$，理论比容量为 609mA·h/g。

立方黄铁矿 FeS_2 相（空间群 $Pa3$）是存储最丰富的铁二硫化物，其晶体结构相对比较复杂。Fe^{2+} 在硫正八面体内部的角落里，面向中心的立方单元晶胞，而 S^- 离子则与 3 个 Fe^{2+} 形成四面体结构（图 2.11（b））。FeS_2 有 2.3V 及 1.6V 两个电压平台，比容量约为 894mA·h/g；FeS 电压平台约为 1.6V，比容量可达 609mA·h/g。其中二硫化铁可由天然黄铁矿中提纯、机械球磨法、电化学沉积法、水热合成法、溶剂热法等方法制得，得到的不同结构硫化铁表现出不同的电

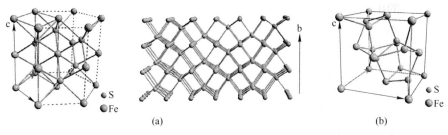

图 2.11 不同化学计量数的晶体结构

(a) 不同方向的陨硫铁矿型 FeS；(b) 黄铁矿型 $FeS_2^{[84]}$

化学性能。Xu 等人[85]采用胶体法制备出 FeS@C 纳米片层结构，在 100mA/g 的电流密度下循环 100 次后，其可逆容量仍高达 615mA·h/g，而单一的 FeS 相材料在经过 50 次循环后可逆容量就降为 261mA·h/g。D. Zhang 等人[86]用简单固相反应，在孔状结构的 FeS_2 周围包覆无定型碳，制备出 FeS_2/C 复合电极，极大提高了材料的可逆容量及循环性能。该电极材料在 0.05C 的电流密度下，1.2~2.6V 区间循环 50 次，比容量能保持在 495mA·h/g，而没有包碳的电极仅有 345mA·h/g。这是因为碳的引入不仅提高了电子电导率，而且减少了单质硫的溶解及 HF 的腐蚀，稳固了 FeS_2 的孔状结构。

2.4.5 其他金属硫化物

其他金属硫化物，如 $SnS_2^{[87]}$、$MnS^{[88]}$、$CuS^{[89]}$、$WS_2^{[90]}$、$VS_2^{[91]}$，作为锂离子电池的电极材料也吸引众多研究者们的积极探索。

超薄 SnS_2 纳米片 50 周期循环后也表现出高容量 513mA·h/g，在 100mA/g 的电流密度下显示出优秀的容量保持率：96%[87]。SnS_2 阵列沉积在 Sn 箔上，作为电极材料在电压范围 0.5~2.0V、电流密度 1C 条件下能展现出首次放电容量 1050mA·h/g，充放电 10 周期后存在小容量衰减。并且能在高倍率 3C 和 5C 下展现出 690mA·h/g 和 360mA·h/g 容量，这已经高于其他 SnS_2 纳米颗粒或纳米片。

Zhang 等人[88]展示了用简易的水热法合成 α-MnS 亚微晶体应用于锂离子电池的电极材料。通过控制水热温度来制备不同粒径和结晶角度的 α-MnS 样品。通过这两个参数之间的平衡，160℃获得的 α-MnS 电极展现了最佳性能，在电流密度为 50mA/g 条件下 20 个循环后展现了 578mA·h/g 的容量，相对于第二圈的保持率为 81%。

Wang 等人[92]比较了三维分层纳米微球体系、一维纳米带和大型聚合的纳米颗粒这三种纳米结构的电化学性能。片状子单元组装成的 MoS_2 分层纳米微球体系显示最高的比容量为 1183.5mA·h/g，50 周期后仍可以保留 905.3mA·h/g。

相比之下，MoS_2 纳米颗粒遭受快速容量衰减从 791.6mA · h/g 迅速降到 118.9mA · h/g。很明显，三维纳米片组成分层纳米微球体系具有一个长期稳定的结构来容纳体积变化，大的电极/电解液的接触面积提供更多 Li^+ 嵌入的活性位点以及更高效的锂离子扩散路径。

Du 等人[89]用一个软胶体模板法大规模合成了 3.2nm 厚的六方晶型 CuS 纳米片，360 次循环后仍保持了大的容量和良好的循环稳定性（640mA · h/g，2A/g）。此外，2011 年，Chen 等人[93]通过对包含 $Cu(TFSI)_2$ 盐和单质硫的离子液体电解质的电沉积开发了一个在 Pt 基体上的垂直导向的 CuS 单晶薄片状薄膜。约 50nm 的厚度和宽度 1mm 的 CuS 纳米片面对面堆栈。这种薄膜电极在倍率电流密度 28mA/g、电压窗口 1.5 ~ 2.5V（Li/Li^+）条件下的初始放电容量为 545mA · h/g。

Wang 等人[94]制备了外直径为 20~40nm 的 WS_2 纳米管，经过 20 周期循环后仍能显示可观的容量，大约为 560mA · h/g。他们还通过液流相变反应合成了 WS_2 纳米片，相比于 WS_2 纳米管具有更高的可逆容量。它的高初始充电容量为 790mA · h/g，在电流密度为 47.5mA/g 条件下充放电 20 循环后容量保持率为 86%。如此高的容量可以归因于 Li^+ 嵌入纳米片簇、缺陷位点和管内位点，扩散到 WS_2 结构中形成 Li_xWS_2。

VS_2 具有层状结构，被用于锂离子电池的电极材料。Murugan 等人[91]通过原位氧化聚合 3，4-乙撑二氧噻吩（EDOT）扩大了 VS_2 的层间间距并将它测试它应用为阴极材料。VS_2 的层间距离从 0.571nm 增加到 1.401nm，相比于初始的 VS_2 容量（80mA · h/g），能够观察到 VS_2 容量有显著的提升，达到了 130mA · h/g。目前已有研究人员成功地利用还原氧化石墨烯为基体合成了 VS_4/rGO 复合物。

参 考 文 献

[1] Landi B J, Ganter M J, Cress C D, et al. Carbon nanotubes for lithium ion batteries [J]. Energy & Environmental Science, 2009, 2（6）: 638~654.

[2] Arora P, Zhang Z, Battery separators [J]. Chemical Reviews, 2004, 104（10）: 4419~4462.

[3] Chikkannanavar S B, Bernardi D M, Liu L. A review of blended cathode materials for use in Li-ion batteries [J]. Journal of Power Sources, 2014, 248: 91~100.

[4] Wu Y. Structural and electrochemical characterization and surface modification of layered solid solution oxide cathodes of lithium ion batteries [M]. The University of Texas, 2008.

[5] Tukamoto H, West A R. Electronic conductivity of $LiCoO_2$ and its enhancement by magnesium doping [J]. Journal of The Electrochemical Society, 1997, 144（9）: 3164~3168.

[6] Thomas M, Bruce P G, Goodenough J B. Lithium mobility in the layered oxide $Li_{1-x}CoO_2$ [J]. Solid State Ionics, 1985, 17（1）: 13~19.

［7］ Reimers J N, Dahn J R. Electrochemical and in situ X-ray diffraction studies of lithium intercalation in Li_xCoO_2 ［J］. Journal of The Electrochemical Society, 1992, 139 (8): 2091~2097.

［8］ Barker J, Pynenburg R, Koksbang R. Determination of thermodynamic, kinetic and interfacial properties for the $Li//Li_xMn_2O_4$ system by electrochemical techniques ［J］. Journal of Power Sources, 1994, 52 (2): 185~192.

［9］ 孙玉城, 王兆翔, 陈立泉. 表面固溶体 $LiAl_xMn_{2-x}O_4$ 的制备与性能研究 ［J］. 中国科技大学学报, 2002, 12 (4): 462~467.

［10］ Terada Y, Yasaka K, Nishikawa F, et al. In situ XAFS analysis of $Li(Mn,M)_2O_4(M=Cr, Co,Ni)$ 5V cathode materials for lithium-ion secondary batteries ［J］. Journal of Solid State Chemistry, 2001, 156 (2): 286~291.

［11］ Suguro M, Yamashiro M, Nakahara K, et al. Effects of maleic anhydride electrolyte additive on silicon anode for lithium-ion battery ［J］. Electrochem Solid-State Lett., 2012, 4 (10): A170~A174.

［12］ Wu H M, Belharouak I, Deng H, et al. Development of $LiNi_{0.5}Mn_{1.5}O_4/Li_4Ti_5O_{12}$ system with long cycle life ［J］. Journal of the electrochemical society, 2009, 156 (12): A1047~A1050.

［13］ Huang H, Yin S C, Nazar L F. Approaching theoretical capacity of $LiFePO_4$ at room temperature at high rates ［J］. Electrochemical and Solid-State Letters, 2001, 4 (10): A170~A172.

［14］ Prosini P P, Lisi M, Zane D, et al. Determination of the chemical diffusion coefficient of lithium in $LiFePO_4$ ［J］. Solid State Ionics, 2002, 148 (1~2): 45~51.

［15］ Thackeray M M, Kang S H, Johnson C S, et al. Comments on the structural complexity of lithium-rich $Li_{1+x}M_{1-x}O_2$ electrodes($M=Mn$, Ni, Co) for lithium batteries ［J］. Electrochemistry Communications, 2006, 8 (9): 1531~1538.

［16］ Shim J H, Kim C Y, Cho S W, et al. Effects of heat-treatment atmosphere on electrochemical performances of Ni-rich mixed-metal oxide ($LiNi_{0.80}Co_{0.15}Mn_{0.05}O_2$) as a cathode material for lithium ion battery ［J］. Electrochimica Acta, 2014, 138: 15~21.

［17］ Saft M, Chagnon G, Faugeras T, et al. Saft lithium-ion energy and power storage technology ［J］. Journal of Power Sources, 1999, 80 (1~2): 180~189.

［18］ Dong X, Xu Y, Xiong L, et al. Sodium substitution for partial lithium to significantly enhance the cycling stability of Li_2MnO_3 cathode material ［J］. Journal of Power Sources, 2013, 243: 78~87.

［19］ Wei G Z, Lu X, Ke F S, et al. Crystal habit-tuned nanoplate material of Li ［$Li_{1/3-2x/3}Ni_x Mn_{2/3-x/3}$］ O_2 for high-rate performance lithium-ion batteries ［J］. Advanced Materials, 2010, 22 (39): 4364~4367.

［20］ James P B, Sujeet K. High Energy Lithium Ion secondary Batteries: US, 8187752 ［P］. 2009 -10-22.

［21］ Chan C K, Peng H, Liu G, et al. High-performance lithium battery anodes using silicon nanowires ［J］. Nature Nanotechnology, 2008, 3 (1): 31~35.

［22］ Poizot P, Laruelle S, Grugeon S, et al. Nano-sized transition-metal oxides as negativeelectrode materials for lithium-ion batteries [J]. Nature, 2000, 407: 496~499.

[23] Goodenough J B, Park K S. The Li-ion rechargeable battery: a perspective [J]. Journal of the American Chemical Society, 2013, 135 (4): 1167~1176.

[24] Novoselov K S, Geim A K, Morozov S V, et al. Electric field effect in atomically thin carbon films [J]. Science, 2004, 306 (5696): 666~669.

[25] Geim A K, Grigorieva I V. Van der Waals heterostructures [J]. Nature, 2013, 499 (7459): 419~425.

[26] Nicolosi V, Chhowalla M, Kanatzidis M G, et al. Liquid exfoliation of layered materials [J]. Science, 2013, 340 (6139): 1226419.

[27] Krebs B. Thio-and seleno-compounds of main group elements-novel inorganic oligomers and polymers [J]. Angewandte Chemie International Edition in English, 1983, 22 (2): 113~134.

[28] Bedard R L, Wilson S T, Vail L D, et al. The next generation: synthesis, characterization, and structure of metal sulfide-based microporous solids [J]. Studies in Surface Science and Catalysis, 1989, 49: 375~387.

[29] Stephan H O, Kanatzidis M G. [Co(en)$_3$] CoSb$_4$S$_8$: a novel non-centrosymmetric lamellar heterometallic sulfide with large-framework holes [J]. Journal of the American Chemical Society, 1996, 118 (48): 12226~12227.

[30] Vaqueiro P. From one-dimensional chains to three-dimensional networks: solvothermal synthesis of thiogallates in ethylenediamine [J]. Inorganic Chemistry, 2006, 45 (10): 4150~4156.

[31] Yu S H, Yang J, Han Z H, et al. Controllable synthesis of nanocrystalline CdS with different morphologies and particle sizes by a novel solvothermal process [J]. Journal of Materials Chemistry, 1999, 9 (6): 1283~1287.

[32] Dai J, Jiang Z, Li W, et al. Solvothermal preparation of inorganic-organic hybrid compound of [(ZnS)$_2$(en)]$_\infty$ and its application in photocatalytic degradation [J]. Materials Letters, 2002, 55 (6): 383~387.

[33] Yao W, Yu S H, Huang X Y, et al. Nanocrystals of an inorganic-organic hybrid semiconductor: Formation of uniform nanobelts of [ZnSe] (diethylenetriamine)$_{0.5}$ in a ternary solution [J]. Advanced Materials, 2005, 17 (23): 2799~2802.

[34] Wang Q, Jiao L, Han Y, et al. CoS$_2$ hollow spheres: fabrication and their application in lithium-ion batteries [J]. Journal of Physical Chemistry C, 2011, 115 (16): 8300~8304.

[35] Liang S, Zhou J, Liu J, et al. PVP-assisted synthesis of MoS$_2$ nanosheets with improved lithium storage properties [J]. Crystengcomm, 2013, 15 (25): 4998~5002.

[36] Mahmood N, Zhang C, Jiang J, et al. Multifunctional Co$_3$S$_4$/graphene composites for lithium ion batteries and oxygen reduction [J]. Chemistry, 2013, 19 (16): 5183~5190.

[37] Qu B, Zhang M, Lei D, et al. Facile solvothermal synthesis of mesoporous Cu$_2$SnS$_3$ spheres and their application in lithium-ion batteries [J]. Nanoscale, 2011, 3 (9): 3646~3451.

[38] Qu B, Li H, Zhang M, et al. Ternary Cu$_2$SnS$_3$ cabbage-like nanostructures: large-scale synthesis and their application in Li-ion batteries with superior reversible capacity [J]. Nanoscale,

2011, 3 (10): 4389~4393.

[39] Zeng Y, Li H, Qu B, et al. Facile synthesis of flower-like Cu_3BiS_3 hierarchical nanostructures and their electrochemical properties for lithium-ion batteries [J]. Crystengcomm, 2012, 14 (2): 550~554.

[40] Zhang W, Zeng H, Yang Z, et al. New strategy to the controllable synthesis of $CuInS_2$ hollow nanospheres and their applications in lithium ion batteries [J]. Journal of Solid State Chemistry, 2012, 186 (14): 58~63.

[41] Yu X, Cao C. Photoresponse and field-emission properties of bismuth sulfide nanoflowers [J]. Crystal Growth & Design, 2008, 8 (11): 3951~3955.

[42] Chang H S W, Schleich D M. TiS_2 and TiS_3 thin films prepared by MOCVD [J]. Journal of Solid State Chemistry, 1992, 100 (1): 62~70.

[43] Daniel M, Ding Y, Wang Z L. Hierarchical structured nanohelices of ZnS [J]. Angewandte Chemie, 2006, 118 (31): 5274~5278.

[44] Mahalingam T, Kathalingam A, Lee S, et al. Studies of electrosynthesized zinc selenide thin films [J]. Journal of New Materials for Electrochemical Systems, 2007, 10 (1): 15~19.

[45] Yuan R, Fu X, Wang X, et al. Template synthesis of hollow metal oxide fibers with hierarchical architecture [J]. Chemistry of Materials, 2006, 18 (19): 4700~4705.

[46] Wang Q, Li J. Facilitated lithium storage in MoS_2 overlayers supported on coaxial carbon nanotubes [J]. Journal of Physical Chemistry C, 2007, 111 (4): 1675~1682.

[47] Zhou X S, Wan L J, Guo Y G. Facile synthesis of MoS_2@CMK-3 nanocomposite as an improved anode material for lithium-ion batteries [J]. Nanoscale, 2012, 4 (19): 5868~5871.

[48] Fang X, Yu X, Liao S, et al. Lithium storage performance in ordered mesoporous MoS_2 electrode material [J]. Microporous & Mesoporous Materials, 2012, 151 (11): 418~423.

[49] Liu H, Su D, Wang G, et al. An ordered mesoporous WS_2 anode material with superior electrochemical performance for lithium ion batteries [J]. Journal of Materials Chemistry, 2012, 22 (34): 17437~17440.

[50] Xu C, Zeng Y, Rui X, et al. Controlled soft-template synthesis of ultrathin C@FeS nanosheets with high-Li-storage performance [J]. ACS Nano, 2012, 6 (6): 4713~4721.

[51] Zhao L, Tao F, Quan Z, et al. Bubble template synthesis of copper sulfide hollow spheres and their applications in lithium ion battery [J]. Materials Letters, 2012, 68 (1): 28~31.

[52] Bi Y, Yuan Y, Exstrom C L, et al. Air stable, photosensitive, phase pure iron pyrite nanocrystal thin films for photovoltaic application [J]. Nano Letters, 2011, 11 (11): 4953~4957.

[53] Pham V H, Kim K H, Jung D W, et al. Liquid phase co-exfoliated MoS_2-graphene composites as anode materials for lithium ion batteries [J]. Journal of Power Sources, 2013, 244 (4): 280~286.

[54] Ho C S, Chan K Y. Synthesis for yolk-shell-structured metal sulfide powders with excellent electrochemical performances for lithium-ion batteries [J]. Small, 2014, 10 (3): 474~478.

[55] Nakamura S, Yamamoto A. Electrodeposition of pyrite (FeS_2) thin films for photovoltaic cells

[J]. Solar Energy Materials & Solar Cells, 2001, 65 (1): 79~85.

[56] 黎阳, 谢华清, 涂江平. 不同形貌和尺寸的锂离子电池 SnS 负极材料 [J]. 物理化学学报, 2009, 25 (02): 365~370.

[57] Luther J M, Haimei Z, Bryce S, et al. Synthesis of PbS nanorods and other ionic nanocrystals of complex morphology by sequential cation exchange reactions [J]. Journal of the American Chemical Society, 2009, 131 (131): 16851~16857.

[58] Lai C H, Huang K W, Cheng J H, et al. Direct growth of high-rate capability and high capacity copper sulfide nanowire array cathodes for lithium-ion batteries [J]. Journal of Materials Chemistry, 2010, 20 (32): 6638~6645.

[59] Radisavljevic B, Radenovic A, Brivio J, et al. Single-layer MoS$_2$ transistors [J]. Nat. Nanotechnol, 2011, 6 (3): 147~150.

[60] Wang Q H, Kalantar Z K, Kis A, et al. Electronics and optoelectronics of two-dimensional transition metal dichalcogenides [J]. Nat. Nano, 2012, 7 (11): 699~712.

[61] Coleman J N, Lotya M, et al. Two-dimensional nanosheets produced by liquid exfoliation of layered materials [J]. Science, 2011, 331 (6017): 568~571.

[62] Li H, Yin Z, He Q, et al. Fabrication of single-and multilayer MoS$_2$ film-based field-effect transistors for sensing no at room temperature [J]. Small, 2012, 8 (1): 63~67.

[63] Fang X, Hua C, Guo X, et al. Lithium storage in commercial MoS$_2$ in different potential ranges [J]. Electrochimica Acta, 2012, 81 (11): 155~160.

[64] Bindumadhavan K, Srivastava S K, Mahanty S. MoS$_2$-MWCNT hybrids as a superior anode in lithium-ion batteries [J]. Chemical Communications, 2013, 49 (18): 1823~1825.

[65] Wang S Q, Li G H, Du G D, et al. Hydrothermal synthesis of molybdenum disulfide for lithium ion battery applications [J]. Chinese Journal of Chemical Engineering, 2010, 18 (6): 910~913.

[66] Rao C N R, Pisharody K P R. Transition metal sulfides [J]. Progress in Solid State Chemistry, 1976, 10: 207~270.

[67] Wang Q, Jiao L, Han Y, et al. CoS$_2$ hollow spheres: fabrication and their application in lithium-ion batteries [J]. Journal of Physical Chemistry C, 2011, 115 (16): 8300~8304.

[68] Jin R, Liu J, Xu Y, et al. Solvothermal synthesis and excellent electrochemical performance of polycrystalline rose-like Co$_9$S$_8$ hierarchical architectures [J]. Journal of Materials Chemistry A, 2013, 1 (27): 7995~7999.

[69] Ko Y N, Choi S H, Park S B, et al. Preparation of yolk-shell and filled Co$_9$S$_8$ microspheres and comparison of their electrochemical properties [J]. Chemistry-an Asian Journal, 2014, 9 (2): 572~576.

[70] Liu Q, Zhang J. A general and controllable synthesis of Co$_m$S$_n$ (Co$_9$S$_8$, Co$_3$S$_4$, and Co$_{1-x}$S) hierarchical microspheres with homogeneous phases [J]. Crystengcomm, 2013, 15 (25): 5087~5092.

[71] Wang Z, Pan L, Hu H, et al. Co$_9$S$_8$ nanotubes synthesized on the basis of nanoscale Kirken-

dall effect and their magnetic and electrochemical properties [J]. Crystengcomm, 2010, 12 (6): 1899~1904.

[72] Su Q, Du G, Zhang J, et al. In situ transmission electron microscopy investigation of the electrochemical lithiation-delithiation of individual Co_9S_8/Co-filled carbon nanotubes [J]. Acs Nano, 2013, 7 (12): 11379~11387.

[73] Xie J, Liu S, Cao G, et al. Self-assembly of CoS_2/graphene nanoarchitecture by a facile one-pot route and its improved electroche mical Li-storage properties [J]. Nano Energy, 2013, 2 (1): 49~56.

[74] Sun H, Qin D, Huang S, et al. Dye-sensitized solar cells with NiS counter electrodes electrodeposited by a potential reversal technique [J]. Energy & Environmental Science, 2011, 4 (8): 2630~2637.

[75] Cao F, Liu R, Zhou L, et al. One-pot synthesis of flowerlike Ni_7S_6 and its application in selective hydrogenation of chloronitrobenzene [J]. Journal of Materials Chemistry, 2010, 20 (6): 1078~1085.

[76] Han S C, Kim K W, Ahn H J, et al. Charge-discharge mechanism of mechanically alloyed NiS used as a cathode in rechargeable lithium bat teries [J]. Journal of Alloys and Compounds, 2003, 361 (1~2): 247~251.

[77] Chou S W, Lin J Y. Cathodic deposition of flaky nickel sulfide nanostructure as an electroactive material for high-performance supercapacitors [J]. Journal of the Electrochemical Society, 2013, 160 (4): D178~D182.

[78] Yamaguchi Y, Takeuchi T, Sakaebe H, et al. Ab initio simulations of Li/pyrite-MS_2 (M=Fe, Ni) battery cells [J]. Journal of the Electrochemical Society, 2010, 157 (6): A630~A635.

[79] Matsumura T, Nakano K, Kanno R, et al. Nickel sulfides as a cathode for all-solid-state ceramic lithium batteries [J]. Journal of Power Sources, 2007, 174 (2): 632~636.

[80] Ryu H S, Kim J S, Park J, et al. Degradation mech anism of room temperature Na/Ni_3S_2 cells using Ni_3S_2 electrodes prepared by mechanical alloying [J]. Journal of Power Sources, 2013, 244: 764~770.

[81] Mi L, Chen Y, Wei W, et al. Large-scale urchin-like micro/nano-structured NiS: controlled synthesis, cation exchange and lithium-ion battery applications [J]. Rsc Advances, 2013, 3 (38): 17431~17439.

[82] Wang Y, Zhu Q, Tao L, et al. Controlled-synthesis of NiS hierarchical hollow microspheres with different building blocks and their application in lit hium batteries [J]. Journal of Materials Chemistry, 2011, 21 (25): 9248~9254.

[83] Lai C H, Huang K W, Cheng J H, et al. Oriented growth of large-scale nickel sulfide nanowire arrays via a general solution route for lithium-ion battery cathode applications [J]. Journal of Materials Chemistry, 2009, 19 (39): 7277~7283.

[84] Kubaschewski O. Iron-Binary Phase Diagrams [M]. New York: Springer-Verlag, 1982: 125~128.

[85] Xu C, Zeng Y, Rui X, et al. Controlled soft-template synthesis of ultrathin C@ FeS nanosheets

with high-Li-storage performance [J]. ACS Nano, 2012, 6 (6): 4713~4721.

[86] Zhang D, Mai Y J, Xiang J Y, et al. FeS₂/C composite as an anode for lithium ion batteries with enhanced reversible capacity [J]. Journal of Power Sources, 2012, 217 (11): 229~235.

[87] Zhai C, Du N, Zhang H, et al. Large-scale synthesis of ultrathin hexagonal tin disulfide nanosheets with highly reversible lithium storage [J]. Chemical Communications, 2011, 47 (4): 1270~1272.

[88] Zhang N, Yi R, Wang Z, et al. Hydrothermal synthesis and electrochemical properties of alpha-manganese sulfide submicrocrystals as an attractive electrode material for lithium-ion batteries [J]. Materials Chemistry and Physics, 2008, 111 (1): 13~16.

[89] Du Y, Yin Z, Zhu J, et al. A general method for the large-scale synthesis of uniform ultrathin metal sulphide nanocrystals [J]. Nature Communications, 2012, 3: 1177.

[90] Feng C, Huang L, Guo Z, et al. Synthesis of tungsten disulfide (WS₂) nanoflakes for lithium ion battery application [J]. Electrochemistry Communications, 2007, 9 (1): 119~122.

[91] Murugan A V, Quintin M, Delville M H, et al. Entrapment of poly (3, 4-ethylenedioxythiophene) between VS₂ layers to form a new organic-inorganic intercalative nanocomposite [J]. Journal of Materials Chemistry, 2005, 15 (8): 902~909.

[92] Wang X, Zhang Z, Chen Y, et al. Morphology-controlled synthesis of MoS₂ nanostructures with different lithium storage properties [J]. Journal of Alloys and Compounds, 2014, 600: 84~90.

[93] Chen Y, Davoisne C, Tarascon J M, et al. Growth of single-crystal copper sulfide thin films via electrodeposition in ionic liquid media for lithium ion batteries [J]. Journal of Materials Chemistry, 2012, 22 (12): 5295~5299.

[94] Wang G X, Bewlay S, Yao J, et al. Tungsten disulfide nanotubes for lithium storage [J]. Electrochemical and Solid State Letters, 2004, 7 (10): A321~A323.

3 二维过渡金属二硫属化合物纳米结构在锂硫电池中的应用

3.1 锂硫电池研究背景

早在 20 世纪 60 年代，单质硫作为锂二次电池正极活性物质的概念已被提出，将锂的碱性高氯酸盐、碘化物和氯化物溶解在脂肪胺中作为电解液[1]。1966 年，Rao 等人以专利报道了高能量密度硫-金属电池。该电池使用的电解液是碳酸丙烯酯、丁内酯、二甲基甲酰胺和二甲亚砜的混合物，开路电压在 2.35~2.5V 之间。在之后的硫正极材料研究中，主要以金属锂作为负极。但是当时科研工作者对锂硫电池的研发并不如意使得它经历了一段漫长的沉寂期。不过，在 20 世纪 60~80 年代有一个对锂硫电池非常重要的转变是电解液溶剂成分的探索与确定。从脂肪胺[1]到碳酸丙烯酯[2]，之后又从碳酸丙烯酯到四氢呋喃溶液[3]，随后为二氧戊环[4]和二氧戊环溶剂，而二氧戊环和二氧戊环溶剂一直到今天都是锂硫电池的电解液溶剂。液态电解液对于锂硫电池的电化学性能影响非常大，因为在充放电过程中锂的多硫化合物会溶解在电解液中。在四氢呋喃-高氯酸盐电解液体系中，室温下 96% 的硫可以得到有效的利用[3]。但是这种电解液体系电阻较大，电流密度非常小，只有 $10\mu A/cm^2$。二氧戊环溶剂电解液的离子电导率远高于四氢呋喃-高氯酸盐电解液体系，但是硫的利用率只有 50%，并且电池的极化非常严重。其原因主要是锂负极材料上生成电导率很低的 Li_2S。Rauh 和 Abraham 等人[5]将 $LiAsF_6$ 溶解在四氢呋喃中形成 1mol/L 的溶液作为锂硫电池的电解液。在 50℃ 的测试温度和 $1mA/cm^2$ 电流密度下，硫的利用率接近 100%；在 $4mA/cm^2$ 电流密度下，硫的有效利用率达到 75%。但是在 10~20 个循环之后，循环效率开始大幅下降。

2000 年之后，随着各种合成技术及表征手段的成熟，锂硫电池的研发又进入了第二个春天。锂硫电池的发展非常迅速，与之相关的论文每年增长 50% 以上。主要的研究重点是硫/碳复合正极材料、固态电解液和反应机理研究以及部分关于长循环限制因素的研究。2000~2010 年，锂硫电池的能量密度、倍率性能、充放电时间基本达到要求，但是长循环寿命、高温性能远没有达到最低要求，而这些正是限制了锂硫电池商业化前景的瓶颈。在 2010 年之后的研究已经逐渐解决了这些瓶颈问题，尤其是循环性能的提高。

3.2 锂硫电池的工作原理

如图 3.1 所示，常规的锂硫电池采用锂片作为负极，电解液的成分为添加了锂盐的酸类有机溶液；正负极之间采用只允许锂离子通过的绝缘隔膜隔开以防止电池短路；由于作为正极活性物质的硫单质自身导电性较差，需要与导电性好的载体材料复合后才能用作硫正极[6,7]。不同于采用"摇椅式"机制的锂离子电池，锂硫电池的充放电过程是一个硫与锂结合的多步电子得失的氧化还原过程。在放电过程中，负极的锂片发生氧化反应生成锂离子，通过电解质与正极的硫分子发生反应从而生成最终放电产物硫化锂，而充电过程则是由硫化锂失去电子和锂离子重新被氧化成硫分子的可逆过程[8,9]，整个氧化还原过程如以下方程式所示：

$$S_8 + 16Li^+ + 16e \Longleftrightarrow 8Li_2S$$

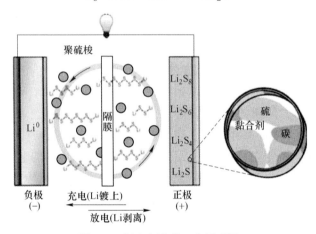

图 3.1 锂硫电池的工作原理图

硫到硫化锂的转化过程并不是一步反应。当电压约为 2.3V 时存在一个放电平台，在这个阶段的放电过程中，环状的 S_8 分子首先发生硫—硫键的断裂，开环后的 S_8 分子与锂离子逐渐结合，从而生成多种可溶于电解液的中间产物，即长链多硫化锂（Li_2S_n，$n \geqslant 4$），具体过程如下方程式所示：

$$S_8 + 2Li^+ + 2e \longrightarrow Li_2S_8$$

$$3Li_2S_8 + 2Li^+ + 2e \longrightarrow 4Li_2S_6$$

$$2Li_2S_6 + 2Li^+ + 2e \longrightarrow 3Li_2S_4$$

在上述过程中，每摩尔的硫原子可以得到 0.5mol 的电子，根据放电比容量（q，单位 mA·h/g）的计算公式为 $q = nF/M$（其中，n 为每摩尔硫原子得失电子数，mol^{-1}；F 是常数 26.8A·h，代表法拉第电量；而硫的摩尔质量 M 为 32g/mol），据此可以换算出在电压为 2.3V 左右的放电平台，对应的放电比容量为

$419mA \cdot h/g$。

另一个较低的电压平台（<2.1V）对应着高聚态的多硫离子被进一步还原为短链多硫化锂（Li_2S_n，$1<n<4$）并最终被还原为不溶于电解液的硫化锂的过程。相应的电化学反应过程如下所示：

$$Li_2S_4 + 2Li^+ + 2e \longrightarrow 2Li_2S_2$$
$$Li_2S_2 + 2Li^+ + 2e \longrightarrow 2Li_2S$$

在这个还原过程中，每个硫原子可以得到 1.5 个电子，根据上述比容量的计算公式，在该平台下电池可以提供 $1256mA \cdot h/g$ 的理论放电比容量。可以看出在低电压平台（<2.1V）下，锂硫电池贡献的比容量等于在高电压平台下的 3 倍，故而该过程是决定锂硫电池实际比容量高低的主要因素。另外值得一提的是，锂硫电池整个充放电反应是一个非常复杂的氧化反应过程，中间涉及多步歧化反应的发生，更加详细的反应机理现在依然在探索中[10]。

3.3 锂硫电池的结构和特点

锂硫电池主要包括四个部分：正电极、负电极、电解液和隔膜。正电极通常以单质 S 为活性物质，导电碳黑为导电剂，聚偏氟乙烯为黏结剂，N-甲基-2-吡咯烷酮为溶剂，混合成均匀的浆料涂敷在集流体铝箔上；负电极为金属锂片；电解液为 1，3-二氧戊环和乙二醇二甲醚组成的混合溶剂，双三氟甲基磺酸亚酰胺锂为电解质盐；隔膜为聚丙烯半透膜。

相对于传统的锂离子电池，锂硫电池的优点非常明显，主要表现如下：

（1）理论能量密度高。传统的锂离子电池是通过 Li^+ 的嵌入脱出实现充放电过程的，而锂硫电池在充放电过程中，正极的活性物质 S 通过外电路得失电子，以 Li_2S/S 的氧化还原对的形式进行电化学反应，其电化学总反应式为：

$$S + 2Li^+ + 2e \Longrightarrow Li_2S$$

通过计算可得单质 S 的理论比容量高达 $1675mA \cdot h/g$，是目前商业化高容量锂离子电池正极三元材料 $LiNi_{1/3}CO_{1/3}Mn_{1/3}O_2$ 理论比容量的 5 倍以上，实际比容量的 10 倍以上，同时容量也远远高于其他锂离子电池正极材料[11]。同时锂硫电池的质量和体积比容量分别高达 $2600W \cdot h/kg$ 和 $2800W \cdot h/L$，远远高于传统锂离子电池的 $500W \cdot h/kg$ 和 $1800W \cdot h/L$，具有传统锂离子电池无法比拟的优势。

（2）价格低廉。S 在自然界中的储量较为丰富，S 元素在地壳中的含量约为 0.048%。具有关统计，蕴藏于蒸发岩与火山岩中的 S 元素和伴生在天然气、油砂、石油以及金属硫化物中的 S 资源量约为 50 亿吨。因此，S 作为电极材料的活性物的性价比非常高，大大节约了电池的成本，有利于其大规模生产和应用。

（3）低毒、环境友好。传统的锂离子电池正极材料无论是已经大规模商业

化应用的 $LiCoO_2$、$LiNi_{1/3}CO_{1/3}Mn_{1/3}O_2$，还是 $LiFePO_4$，均含有金属离子，会对环境造成一定程度的污染，而且回收成本也相对较高。S 是自然界中固有的物质，其毒性相对重金属要小得多。同时，锂硫电池使用后产物的毒性也低，回收利用的能耗相对较小，即使不慎泄漏也容易被自然环境分解，对环境的危害较小。基于以上优点，锂硫电池被认为是最具潜力的下一代高能电池体系而被广泛研究。

3.4　锂硫电池的研究现状

由于锂硫电池具备极高的能量密度、硫单质价格低廉、低毒无害等优点，各国的能源公司及科研机构都对锂硫电池的研发抱有极大的热情。以下简要列举了国内外机构在锂硫电池研发领域取得的成绩及目标。

目前，国内所开发的锂硫电池多基于液态电解质。2014 年，中科院大连化学物理研究所陈剑小组报道研制成功额定容量 15A·h 的锂硫电池，并形成小批量制备能力。电池的比能量大于 430W·h/kg。2014 年，防化研究院研制出 500W·h 锂硫电池堆，比能量为 330W·h/kg。清华大学、国防科技大学、北京理工大学、北京有色金属研究总院、中国科学院物理研究所也开展了这方面的工作，并取得较好的结果。国内锂硫电池的能量密度在国际上处于领先地位，但在循环稳定性和安全性上，急需提高。在聚合物和固态锂硫电池方面，仍处于探索阶段。尚未有基于聚合物电解质或固态电解质锂硫软包电池见于报道[12]。

美国的代表公司有 Sion Power（前身为 Moltech 公司）和 Poly plus。2010 年 6 月，Sion Power 公司报道，基于其 350W·h/kg 的锂硫电池，Qineti Q 公司的 Zephyr 无人机采用太阳能电池/锂硫电池复合动力体系，刷新了无人机持续飞行时间记录，达到 336h（14 天）。2012 年，德国 BASF 收购 Sion Power 公司股权，开发 600W·h/kg 的锂硫电池。Polyplus 主要研发水基锂硫电池，不同于常规锂硫电池，它采用多硫化物水溶液作正极，固态电解质保护的锂金属（PLE）作负极，可以达到在同等体积能量密度条件下，质量仅为常规锂离子电池的一半。

欧洲的代表公司有英国的 Oxis Energy 公司，目前能量密度为 325W·h/kg，它着重于锂硫电池安全性的研究，采用了陶瓷硫化锂钝化膜保护负极和不易燃电解质技术，已经通过了过充、短路、针刺等测试。预计 2019 年锂硫电池的能量密度可达 500W·h/kg。

3.5　锂硫电池遇到的问题和解决方法

对于锂硫电池的发展，不管是对于正极材料本身还是对于整个电池系统来说，都面临许多挑战和需要解决的技术问题。首先，硫作为一种绝缘材料本身的电导率非常低，只有 $10^{-30}S/cm$。并且硫在充放电过程中中间产物会溶解在电解液中，造成正极材料的结构和形态方面的变化，也就造成了正极材料电接触的不稳定。溶于电解液的锂多硫化物扩散至负极并在负极放电形成 Li_2S 产生飞梭效应，造成正极活性物质的损失。多硫化物在负极放电之后生成导电性较差的 Li_2S，使负极电阻升高，造成非常大的电池极化，影响电池的循环性能和高倍率性能。

锂硫电池目前急需解决的问题主要有：

（1）充放电过程中"穿梭"现象严重。根据锂硫电池的充放电机理可知，在放电过程中生成的中间产物（Li_2S_x，$4 \leqslant x < 8$）会溶解于电解液中，且有部分 Li_2S_x 从正极穿过隔膜，最后到达负极的 Li_2S_x 与负极的工作电极金属 Li 发生反应，在负极表面生成 Li_2S_2 和 Li_2S 沉积物，导致对负极 Li 的钝化，阻碍了反应的进一步进行，降低了电池的库仑效率和导致 Li_2S_x 的损失，这就是 Li-S 电池中由于 Li_2S_x 的溶解所引起的"穿梭效应"。此外，在工作电极一侧的部分 Li_2S_x 溶解于电解液中，在放电过程中无法完全转化成最终的产物 Li_2S，也会导致容量一定程度上的损失。

对于穿梭效应这一锂硫电池中主要面临的问题，需要利用对于整个锂硫电池的系统工程来解决：

1）通过新颖的正极结构设计，提高对于多硫化物的吸附与限域作用，目前基于碳纳米材料的整体体系主要都关注于这一解决方案[13,14]。

2）通过改变硫的本征电化学反应过程来降低穿梭效应。中科院化学所郭玉国研究院发展了一种小分子硫的制备方法，利用碳纳米管的孔隙限制作用，制备了由 2~4 个硫原子构成的小分子硫，直接避免了高阶多硫化物的产生，降低了穿梭效应发生的概率[15]。

3）通过对电池隔膜进行改性，比如添加具有吸附作用的功能性隔膜，改变隔膜孔径，限制多硫化物向负极的迁移[16,17]。

4）利用锂盐浓度的改变来控制多硫化物的溶解平衡，减少多硫化物的溶解[18]。

（2）体积膨胀效应。锂硫电池的整个充放电过程可看做硫单质与硫化锂之间的一个转化过程。由于硫单质与硫化锂的密度差别较大（硫化锂的密度为 $1.66g/cm^3$，而硫的密度为 $2.03g/cm^3$），在整个转化过程中硫正极的电极结构会发生体积膨胀和收缩的现象。举例来说，2.03g 的硫单质所占的体积为 $1cm^3$，当 2.03g 的硫完全转变为 2.91g 的硫化锂后，所占的体积变为 $1.76cm^3$，体积增大率接近 80%，而由硫化锂转变为硫的充电过程则相反。这种硫正极反复膨胀收缩的体积效应无疑会造成电极结构的塌陷及活性物质的脱落等问题，从而降低电池的容量性能[19]。为解决这一问题，Zhang 等人[20]通过向具有良好垂直阵列结构的碳纳米管阵列中填充硫，获得高负载量的碳硫复合材料，由于碳管阵列良好的导电性以及结构均一性，所得材料显示出了高的体积比容量，该研究也成为高体积能量密度锂硫电池研究的开端。杨全红课题组发展了一种通过石墨烯来构建高体积能量密度锂硫电池正极材料的方法[21]，电极材料如图3.2所示，通过硫化氢的引入，引发了氧化石墨烯的三维自组装，利用蒸发干燥的方法获得了具有高密度的多孔碳/硫复合材料。Li等人[22]通过氧化石墨烯的自组装构建了具有高密度的石墨烯/硫杂化材料，同样显示出良好的体积比容量。

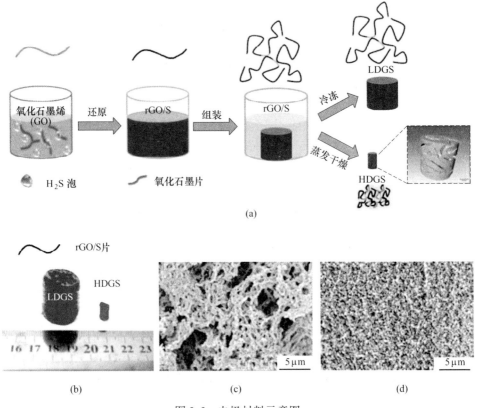

图3.2　电极材料示意图

（3）负极锂片的安全问题。金属锂具有最高的理论比容量（3861mA·h/g）和最低的电位（-3.045V），是最为理想的负极材料，但是锂片的采用也带来了一系列的安全性问题。比如在长循环的充放电过程中，负极锂片容易发生粉化及在其表面生成锂枝晶刺穿隔膜，从而造成电池内部短路，引发安全事故[23]。

解决这一问题，需要从三个方面层层递进：首先，为了限制枝晶的产生，需要对锂负极进行处理，例如表面修饰或者钝化等[24]；其次，要通过对正极的设计以及对隔膜材料的优化，降低穿梭效应的发生概率，进而消除枝晶产生的因素；最为重要的是，应该从根本上避免直接使用金属锂作为负极材料。很多研究也着眼于这一点，比如开发新型的含锂正极体系，即采用硫化锂作为正极活性物质[25]，在正极中提前引入锂源，避免负极金属锂的使用，可以采用商业化的锂离子电池负极材料如石墨或者金属氧化物等；另外，也可通过锂化合金等作为锂硫电池的负极材料[26]，其合金的结构稳定性和均一性，能够有效解决枝晶产生的问题，进而提高锂硫电池的性能；通过向硅负极或者石墨负极中进行预嵌锂[27]，在提供足够锂源的同时也可以解决枝晶的产生。

3.6　二维过渡金属二硫属化合物纳米结构在锂硫电池中的应用

锂硫电池作为最具潜力的可再充电电池之一，是锂离子电池最有希望的替代品，主要原因是其理论容量高达 $1672mA \cdot g/h$，而且硫的成本较低[28]。目前，高性能 Li-S 电池存在几个明显的缺点，包括硫元素的离子和电子传导性差、活性材料利用率有限、体积膨胀明显以及液体多硫化物（例如 Li_2S_x，$x = 4 \sim 8$）会溶解在电解质中等。为了解决这些关键问题，研究者们已经做出了许多努力。发现用高导电性模板制造硫基复合材料是一种有效解决问题的策略[29]。与具有各种分层结构（例如碳材料、金属氧化物）的高导电性基体一样，二维的过渡金属硫属化合物是解决该问题的理想材料。如图 3.3（a）所示，使用电催化过渡金属硫属化合物原子层可以有效地稳定电极之间的多硫化物穿梭[30]。硫生长在原子级的 MS_2（M＝Mo，W）纳米薄片上，在 $0.5C$ 下表现出高达约 $650mA \cdot g/h$ 的初始容量，并且在 350 次循环后仍保持有 $590mA \cdot g/h$，达到初始容量的 91%（见图 3.3（b））。由于 Li_2S/Li_2S_x 的放电物质可与高导电性的 MX_2 牢固结合（见图 3.3（c））[31]，二硫化钛（TiS_2）使 TiS_2-S 电极能够提供稳定的循环性能（见图 3.3（d）），在高电流密度的条件下（$4C$）容量为 $503mA \cdot g/h$，在高质量负载条件下（$5.3mg/cm^2 Li_2S$），容量高达 $3.0mA \cdot h/cm^2$。

3.6.1　钼基二硫属化合物

为了进一步提高锂硫电池的性能，它的设计正在经历由封闭式结构到开放式结构的转化，其设计领域从阴极纳米材料扩展到生产功能化分离器。Jeong 等人[32] 用剥脱的 MoS_2 和碳纳米管（CNTs）制备双功能化分离器来解决两个自相矛盾的问题：保证电子的传输的同时加强捕获聚硫化物的种类。图 3.4（a）为该锂硫电池的结构示意图，基于 1T 相剥脱的 $MoS_2@CNT$ 的双功能分离器是由剥脱的 MoS_2 和 CNTs 在原始分离器上的连续涂层制备的（见图 3.4（b）），MoS_2 有效地捕捉了多硫化物和 CNT 网络，为捕获的多硫化物提供了一个快速的电子通路，从而防止了不可逆放电产物的大量聚集。图 3.4（c）为在没有 CNT 网参与的情况下，基于剥脱的 MoS_2 的功能分离器与多硫化物之间有强烈的相互作用，容易在循环过程中形成不可逆放电产物的不均匀聚集体（见图 3.4（c）的

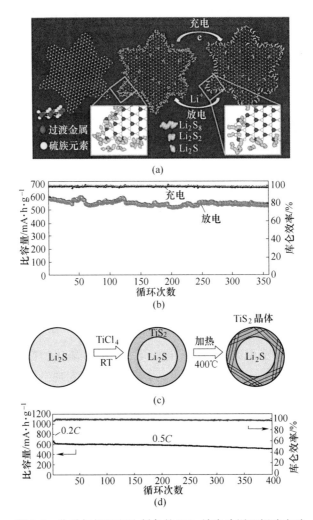

图 3.3　化学气相沉积法制备的 MS₂ 纳米片用于锂硫电池

（a）原理图；（b）电催化活性 WS₂ 纳米片的循环性能；（c）合成 Li₂S@TiS₂ 核壳

纳米结构过程示意图；（d）Li₂S@TiS₂ 核壳阴极材料的循环性能图

上部）。另外，要从各种不同的剥脱方法中找到一个适当的方法制备分离器。利用电化学剥脱方法不仅能根据层的侧面尺寸和数量剥脱高质量的 MoS₂，并且可以提供一个有利的 MoS₂ 相，即 1T 相的 MoS₂，其制备过程如图 3.4（d）所示。1T 相的 MoS₂@CNT 的双功能化分离器在锂硫电池中表现出卓越的电化学性能，在 1C 的高电流密度下，循环 500 圈后依然有 670mA·h/g（见图 3.4（e））。

　　有效的将多硫化锂转化为硫化锂（在放电时）和硫（在充电时）是锂硫电池性能的决定因素。Lin 等人[33]采用 MoS₂₋ₓ/还原氧化石墨烯（rGO）催化多硫

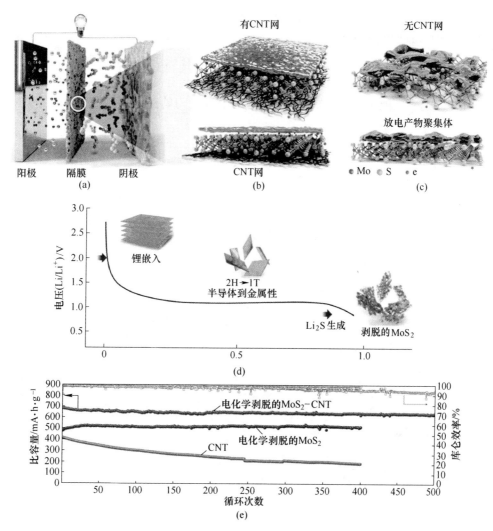

图 3.4　基于 MoS_2 和碳纳米管为分离器的锂硫电池

（a）基于功能化分离器剥脱的 MoS_2 用于锂硫电池的示意图；（b）1T 相剥脱的 MoS_2@CNT 作分离器的
示意图；（c）没有 CNT 的 MoS_2 分离器示意图；（d）通过电化学方法得到的剥离的 MoS_2 过程的示意图；
（e）锂硫电池的循环性能图

反应以提高电池性能，其合成示意图如图 3.5（a）所示。经证实，通过对材料
结构的表征（见图 3.5(b)~(d)），发现在进行多硫反应时，缺硫可以显著加强
其反应的转化动力。可溶性聚硫化物的快速转化减少了硫阴极的积累以及通过扩
散对阴极的损失。因此，在少量 MoS_{2-x}/rGO（占阴极质量的 4%）存在的情况
下，硫阴极的高速率性能（$8C$）的电容量从 161.1mA·h/g 升高至 826.5mA·
h/g。另外，在 0.5C 速率下，MoS_{2-x}/rGO 也可以增强硫阴极的循环稳定性，如

图 3.5（e）所示，其电容衰减率从每周期 0.373%（大约 150 个周期）降至 0.083% 每周期（大约循环 600 圈）。这些结果说明 MoS$_{2-x}$/rGO 在硫阴极上，可以提高其多聚硫转化的动力，证明了 MoS$_{2-x}$/rGO 在硫阴极上是一种多硫转化的催化剂。当少量 MoS$_{2-x}$/rGO 加至硫阴极上，电池具有高速率性能和好的循环稳定性。高速率性能是由于在缺硫表面上多硫转化动力的提高。可溶性多硫的快速

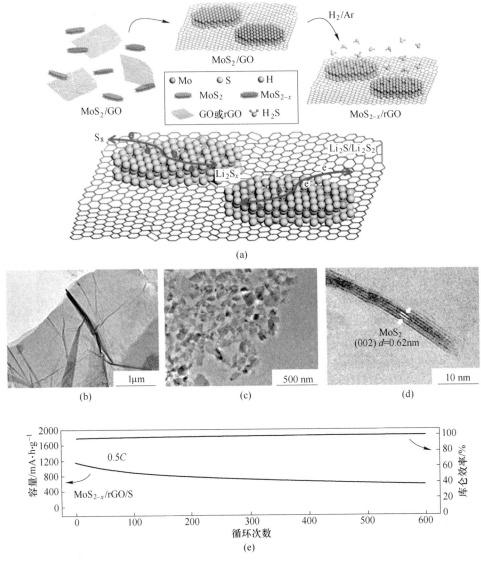

(a)

(b)　　　　　　　　　(c)　　　　　　　　　(d)

(e)

图 3.5　基于 MoS$_{2-x}$/还原氧化石墨烯的锂硫电池

（a）合成 MoS$_{2-x}$/rGO 的示意图和 Li$_2$S$_x$ 在 MoS$_{2-x}$/rGO 表面的转变；（b）GO 纳米片的 TEM 图；

（c）MoS$_2$ 纳米片的 TEM 图；（d）MoS$_2$ 纳米片的高倍率 TEM 图；（e）MoS$_{2-x}$/rGO/S 的循环稳定性测试

转化可以降低其在硫阴极上的聚集。这种损失机制的抑制可以获得更持续的循环能力。他们的研究不仅为锂硫电池提供了良好的催化剂，而且还为催化效果提供了实验证据和一些新的见解。

为了抑制锂硫电池硫阴极的穿梭效应，提高电化学性能，Cheng 等人[34]以 $MnCO_3$ 为模板，通过化学途径合成了核壳结构的 $MoS_2@S$ 球形阴极，合成路线如图 3.6（a）所示。MoS_2 壳由 MoS_2 纳米片组成，为了比较，也用了将硫熔融并扩散到商用的 MoS_2 粉末的方法制备了 MoS_2/S 阴极。通过循环伏安法、充放电循环、电化学阻抗谱与阻抗拟合，探究了 $MoS_2@S$ 和 MoS_2/S 阴极的电化学性能。与 MoS_2/S 相比，$MoS_2@S$ 球形阴极的电化学性能有了很大提高。在 $0.2C$ 时 $MoS_2@S$ 球体的容量可以达到 $1185.7mA \cdot h/g$，如图 3.6（b）所示。在 $1C$ 时其容量为 $955.1mA \cdot h/g$，如图 3.6（c）所示，初始循环库仑效率为 90%。在 200 次锂化/脱锂循环中，每个循环的容量衰减为 0.1%。由于极性 MoS_2 壳层对锂多硫化物的机械抑制和化学键合使 $MoS_2@S$ 具有高循环容量和良好的稳定性，为锂硫电池的阴极材料的构建提供了新的思路和方法。

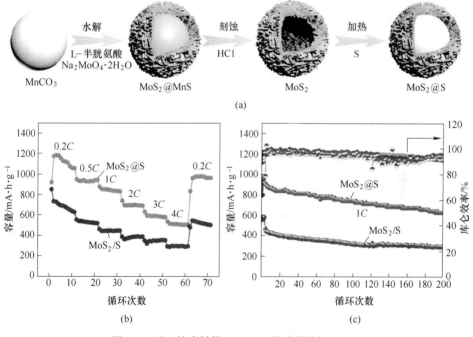

图 3.6　基于核壳结构 $MoS_2@S$ 纳米球的锂硫电池

（a）合成路线；（b）MoS_2/S 和 $MoS_2@S$ 的比容量；

（c）MoS_2/S 和 $MoS_2@S$ 在 $1C$ 时的循环性能和库仑效率图

Li 等人[35]在制备锂硫电池时，采用简单的水热法成功地制备了氮掺杂的还原氧化石墨烯和花状 MoS_2 纳米团簇的复合物（N-rGO@ MoS_2），用于支撑硫的一个三维立体基质，合成原理图如图 3.7（a）所示。这种方法通过协同作用结合了石墨烯和 MoS_2 的优点，避免了其缺点，制备出高性能的锂硫电池阳极，如 N-rGO 的高电子电导率可以达到良好的速率性能；MoS_2 与多硫化物之间的强烈的相互作用可以抑制穿梭效应以提高电池的耐用性；两个二维组件之间良好的相容性避免了它们的自聚集，从而通过环绕和增加承载硫的黏附作用来增加容量。为了优化电极性能，他们探究了 N-rGO@ MoS_2 中 MoS_2 的含量。最后，含有 10% MoS_2 的 N-rGO@ MOS_2/S 在 0.3C 下具有最佳的放电容量，为 729.1mA·h/g，在 180 次循环后的库仑效率为 97.3%，如图 3.7（b）所示。600 次循环后，0.5C 下为 449.7mA·h/g。图 3.7（c）显示了 MoS_2 对多硫化物的吸附作用，通过对比多硫化物溶液在不同样品吸附前后的颜色判断材料的吸附能力。加入 N-rGO@ MoS_2 后溶液的颜色比 N-rGO 清得多，表明 N-rGO@ MoS_2 对多硫化物有较强的吸附能力。该材料将为合理设计锂硫电池正极材料提供一条新的途径，且具有优异的稳定性和性能。

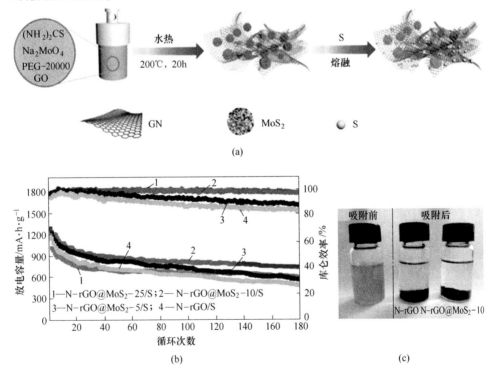

图 3.7　基于 N-rGO@ MoS_2 构建锂硫电池

（a）N-rGO@ MoS_2 的合成示意图；（b）N-rGO/S 和不同含量 MoS_2 的 N-rGO@ MoS_2/S
电极在 0.3C 的循环性能；（c）不同样品对多硫化物溶液的吸附对比图

3.6.2　WS₂ 基纳米材料

Lei 等人[36]将一个极性 WS₂ 纳米片作为基底设计的 C@WS₂ 独立式电极首次用于锂硫电池，其制备过程如图 3.8（a）所示。该实验成功地展示了一种具有高可逆比容量、良好功率比和优异循环稳定性的新型锂硫电池。由于 WS₂ 纳米片上的多硫化物的极性吸附和碳纳米纤维（CNF）的三维结构的优良电子传输，即使在 2C 下进行 1500 次循环之后，电池仍然保持其特定容量的 90%，具有高特异性，其电容量为 502mA·h/g。

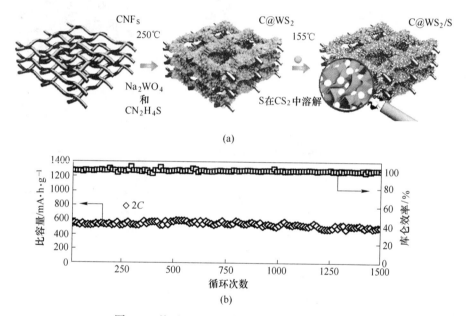

(a)

(b)

图 3.8　基于 C@WS₂ 独立式电极的锂硫电池

（a）WS₂ 在 CNFs 上生长过程的原理图；（b）C@WS₂/S 在 2C 下循环 1500 圈的循环稳定性测试

插入式化合物阴极的容量限制激发了人们对有着金属锂阳极的可充电电池的兴趣，但由于中间产物 Li_2S_x（$x=2\sim8$）多硫化物在所用的有机液体电解质中的溶解而导致的不可逆容量损失，阻碍了其实际应用。为了解决这一问题，Park 等人[37]制备了一种由层状二硫钨（WS₂）组成的双功能阴极材料（见图 3.9（a）），既可以支撑阴极集电器，又可以支撑碳布中间层（CCI），这种结构在锂半电池中具有优异的性能，通过可溶性 Li_2S_x 在 WS₂ 上的强吸附作用，并阻止碳布中间层快速地从集电器上获得电子。图 3.9（b）所示为 WS₂ 的 TEM 图和 001 晶带轴的选区电子衍射图。图 3.9（c）所示为 WS₂/CCI 的 SEM 图，从图中可以看出亚微米级的 WS₂ 纳米粒子分散在 CCI 上，用不同的分散介质和装载量进行沉积。该研究表明，将多硫化物吸附在亲硫的 WS_2 催化剂上，可以大大降低锂硫电池中可溶性多硫化物的不可逆损失。如图 3.9（d）所示，$WS_2/S-WS_2/CCI$ 电极具有良好的循环稳定性和倍率性能（在 0.5C 下，循环 500 圈，容量达到 1000mA·h/g；在 5.0C 速率下，容量为 750mA·h/g）。

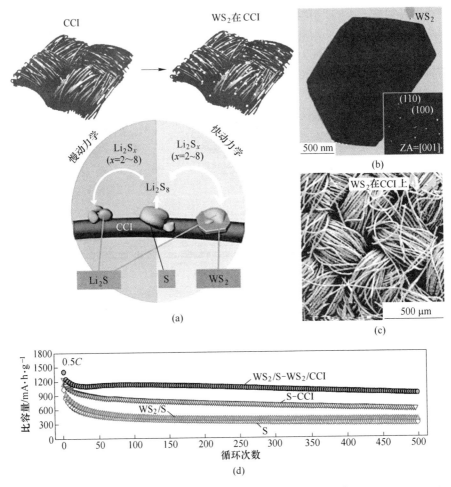

图 3.9　基于 WS_2 双功能阴极材料的锂硫电池

（a）有 WS_2 支撑的锂硫电池示意图；（b）WS_2 的 TEM 图和它的 001 晶带轴的选区电子衍射图；

（c）WS_2/CCI 的 SEM 图；（d）几种电极材料在 0.5C 下，循环 500 圈的长循环性能图

3.6.3　VS_2 基纳米材料

Cheng 等人[38]报道了一种由 VS_2 与还原氧化石墨烯（rGO）片和活性硫层组成的弹性夹层结构阴极材料，其合成路线如图 3.10（a）所示。交替的 rGO-

VS$_2$ 薄片和活性硫层允许灵活地调整硫的负载量，有效地缓冲硫阴极在三维弹性收缩/膨胀过程中的体积变化。由于硫层中不存在添加剂，大大提高了阴极材料的利用密度。由于 VS$_2$ 具有很强的极性和良好的导电性，而 rGO 表面少量 VS$_2$ 的存在对整个硫层产生了显著的影响，少量的 VS$_2$ 可以抑制多硫化物的穿梭效应，在整个硫层中能提高硫的氧化还原动力，特别是对可溶性多硫化物与固体 Li$_2$S$_2$/Li$_2$S 的相互转化而言。经过长时间的循环运行，夹层结构的完整性得到了很好的维护。这些优点使电极系统在不牺牲体积能量密度的情况下具有较高的电化学性能。与 rGO/S 相比，三明治结构的 rGO-VS$_2$/S 复合材料展现出良好的电化学性能，其具有高的放电电容、低的极化和好的循环稳定性。图 3.10（b）所示为 1C 和 2C 时，循环 1200 圈的放电电容，分别为 879mA · h/g 和 662mA · h/g，库仑效率约为 99.5% 和 97.2%。值得注意的是，含硫 89%（质量分数）的 rGO-VS$_2$/S 的利用密度为 1.84g/cm^3，几乎是相同硫含量 rGO/S 的 3 倍（0.63g/cm^3），整个电池的体积比容量高达 1182.1mA · h/cm^3，从图 3.10（c）也可以看出该锂硫电池能够点亮 LED 灯并能持续一段时间，与目前储能装置的技术水

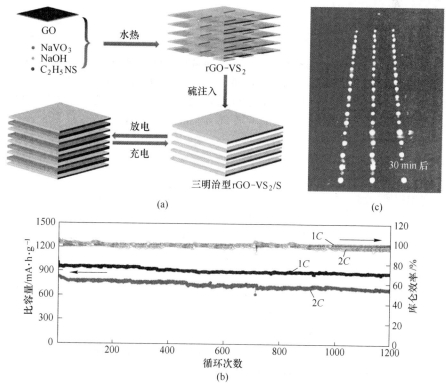

图 3.10 基于 VS$_2$ 与 rGO 片和活性硫层组成的弹性夹层结构阴极材料的锂硫电池

（a）示意图；（b）1C 和 2C 情况下循环稳定性测试；

（c）用 4 个 rGO-VS$_2$/S-89 电池点亮 60 个 LED 灯 30min 的照片

平相当。该研究也表明，通过引入高导电性和对多硫化物强亲和性的电催化组分，控制夹层中的结构，利用化学协同作用是一种有效的吸附和活化硫物种的方法，为长寿命、高能量密度 Li-S 电池的发展提供了新的策略。

参 考 文 献

［1］ Danuta H, Juliusz U. Electric Dry Cells and Storage Batteries：U S, 3043896 ［P］. 1962-7-10.

［2］ Rao M L B. Organic Electrolyte Cells：US, 3413154 A ［P］. 1968.

［3］ Yamin H, Peled E. Electrochemistry of a nonaqueous lithium/sulfur cell ［J］. Journal of Power Sources, 1983, 9（3）：281~287.

［4］ Peled E. Lithium-sulfur battery：evaluation of dioxolane-based electrolytes ［J］. Journal of the Electrochemical Society, 1989, 136（6）：1621~1625.

［5］ Rauh R D, Abraham K M, Pearson G F, et al. A lithium/dissolved sulfur battery with an organic electrolyte ［J］. Journal of the Electrochemical Society, 1979, 126（4）：523~527.

［6］ Seh Z W, Sun Y, Zhang Q, et al. Designing high-energy lithium-sulfur batteries ［J］. Chemical Society Reviews, 2016, 45（20）：5605~5634.

［7］ 弭侃. 功能化碳材料的设计、制备及其在锂硫电池中的应用 ［D］. 济南：山东大学, 2017.

［8］ Xu R, Lu J, Amine K. Progress in mechanistic understanding and characterization techniques of Li-S batteries ［J］. Advanced Energy Materials, 2015, 5（16）：1500408.

［9］ 熊仕昭. 锂硫电池放电过程及性能改善研究化 ［D］. 长沙：国防科学技术大学, 2010.

［10］ Wang B, Alhassan S M, Pantelides S T. Formation of large polysulfide complexes during the lithium-sulfur battery discharge ［J］. Phys. rev. applied, 2014, 2（3）：034004.

［11］ 杨伟伟. 过渡金属硫化物在高容量与长寿命锂硫电池正极材料中的应用和机理研究 ［D］. 南京：南京大学, 2017.

［12］ 石丽丽. 新型锂硫电池正极材料的制备及其电化学性能研究 ［D］. 北京：北京理工大学, 2016.

［13］ He G, Ji X L, Nazar L. High "C" rate Li-S cathodes：sulfur imbibed bimodal porous carbons ［J］. Energy & Environmental Science, 2011, 4（8）：2878~2883.

［14］ Chung S H, Manthiram A. Carbonized eggshell membrane as a natural polysulfide reservoir for highly reversible Li-S batteries ［J］. Advanced Materials, 2014, 26（9）：1360~1365.

［15］ Xin S, Gu L, Zhao N H, et al. Smaller sulfur molecules promise better lithium-sulfur batteries ［J］. Journal of the American Chemical Society, 2012, 134（45）：18510~18513.

［16］ Huang J Q, Zhang Q, Peng H J, et al. Ionic shield for polysulfides towards highly-stable lithium-sulfur batteries ［J］. Energy & Environmental Science, 2014, 7（1）：347~353.

［17］ Zhou G M, Pei S F, Li L, et al. A graphene-pure-sulfur sandwich structure for ultrafast, long-life lithium-sulfur batteries ［J］. Advanced Materials, 2014, 26（4）：625~631.

［18］ Cheng X B, Huang J Q, Peng H J, et al. Polysulfide shuttle control：Towards a lithium-sulfur battery with superior capacity performance up to 1000 cycles by matching the sulfur/electrolyte loading [J]. Journal of Power Sources, 2014, 253: 263~268.

[19] Xu R, Belharouak I, Li J C M, et al. Role of polysulfides in self-healing lithium-sulfur batteries [J]. Advanced Energy Materials, 2013, 3 (7): 833~838.

[20] Cheng X B, Huang J Q, Zhang Q, et al. Aligned carbon nanotube/sulfur composite cathodes with high sulfur content for lithium-sulfur batteries [J]. Nano Energy, 2014, 4: 65~72.

[21] Zhang C, Liu D H, Lv W, et al. A high-density graphene-sulfur assembly: a promising cathode for compact Li-S batteries [J]. Nanoscale, 2015, 7: 5592~5597.

[22] Li H, Yang X, Wang X, et al. Dense integration of graphene and sulfur through the soft approach for compact lithium/sulfur battery cathode [J]. Nano Energy, 2015, 12: 468~475.

[23] Demir-Cakan R, Morcrette M, Guéguen A, et al. Li-S batteries: simple approaches for superior performance [J]. Energy & Environmental Science, 2013, 6 (1): 176~182.

[24] 张辰. 石墨烯/硫杂化材料的液相制备及锂硫电池性能研究 [D]. 天津: 天津大学, 2015.

[25] Han K, Shen J M, Hayner C M, et al. Li_2S-reduced graphene oxide nanocomposites as cathode material for lithium sulfur batteries [J]. Journal of Power Sources, 2014, 251: 331~337.

[26] Cheng X B, Peng H J, Huang J Q, et al. Dendrite-free nanostructured anode: entrapment of lithium in a 3D fibrous matrix for ultra-stable lithium-sulfur batteries [J]. Small, 2014, 10 (21): 4257~4263.

[27] Hagen M, Quiroga-Gonzalez E, Dorfler S, et al. Studies on preventing Li dendrite formation in Li-S batteries by using pre-lithiated Si microwire anodes [J]. Journal of Power Sources, 2014, 248: 1058~1066.

[28] Xu J, Shui J, Wang J, et al. Sulfur-graphene nanostructured cathodes via ball-milling for high-performance lithium-sulfur batteries [J]. ACS Nano, 2014, 8 (10): 10920~10930.

[29] Duan X, Xu J, Wei Z, et al. Atomically thin transition-metal dichalcogenides for electrocatalysis and energy storage [J]. Small Methods, 2017, 11 (1): 1700156.

[30] Babu G, Masurkar N, Salem H Al, et al. Transition metal dichalcogenide atomic layers for lithium polysulfides electrocatalysis [J]. J. Am. Chem. Soc. 2017, 139: 171~178.

[31] Seh Z W, Yu J H, Li W, et al. Two-dimensional layered transition metal disulphides for effective encapsulation of high-capacity lithium sulphide cathodes [J]. Nature Communications, 2014, 5: 5017.

[32] Jeong Y C, Kim J H, Kwon S H, et al. Rational design of exfoliated 1T MoS_2@ CNT-based bifunctional separators for lithium sulfur batteries [J]. Journal of Materials Chemistry A, 2017, 5 (45): 23909~23918.

[33] Lin H, Yang L, Jiang X, et al. Electrocatalysis of polysulfide conversion by sulfur-deficient MoS_2 nanoflakes for lithium-sulfur batteries [J]. Energy & Environmental Science, 2017, 10 (6): 1476~1486.

[34] Cheng S, Xia X, Liu H, et al. Core-shell structured MoS_2@ S spherical cathode with

improved electrochemical performance for lithium-sulfur batteries [J]. Journal of Materials Science & Technology, https: //doi. org/10. 1016/j. jmst. 2018. 03. 018.

[35] Li Z, Deng S, Xu R, et al. Combination of nitrogen-doped graphene with MoS_2 nanoclusters for improved Li-S battery cathode: synthetic effect between 2D components [J]. Electrochimica Acta, 2017, 252: 200~207.

[36] Lei T, Chen W, Huang J, et al. Multi-functional layered WS_2 nanosheets for enhancing the performance of lithium-sulfur batteries [J]. Advanced Energy Materials, 2017, 7 (4): 1601843.

[37] Park J, Yu B C, Park J S, et al. Tungsten disulfide catalysts supported on a carbon cloth interlayer for high performance Li-S battery [J]. Advanced Energy Materials, 2017, 7 (11): 1602567.

[38] Cheng Z, Xiao Z, Pan H, et al. Elastic sandwich-type rGO-VS_2/S composites with high tap density: structural and chemical cooperativity enabling lithium-sulfur batteries with high energy density [J]. Advanced Energy Materials, 2018, 8 (10): 1702337.

4 二维过渡金属二硫属化合物纳米结构在钠离子电池中的应用

4.1 钠离子电池研究背景

目前，储能方式主要分为机械储能、电化学储能、电磁储能和相变储能这四类。与其他储能方式相比，电化学类储能具有效率高、投资少、应用灵活及使用安全的特点。而电化学储能系统又可分为超级电容器和二次电池，二次电池主要包括铅酸电池、镍镉电池、锂离子电池和钠离子电池。

铅酸电池是由法国物理学家普兰特于 1859 年发明，以二氧化铅为正极，铅为负极，硫酸为电解液，常用作机动车辆的储能电池。1984 年，镍镉电池开始普及并取代小型电器中的一次电池。但是由于环境因素等限制导致它们正在走向市场边缘，因此替代铅酸电池和镍镉电池的新一代电池——锂离子电池出现了。在 20 世纪 70 年代，美国的 Exxon 公司生产了最早的以 $LiTiS_2$ 材料为正极材料的商用二次锂电池[1]，到了 20 世纪 80 年代，加拿大的 E-one Moli 能源有限公司以 $LiMoS_2$ 作为正极材料生产商业化锂电池，但是这些电池存在一个较大的隐患，电池在充电时，由于电极表面的某些不均匀会导致电极表面电势均匀性差的问题，进而造成电极表面锂沉积的不均匀，最终产生锂枝晶，刺破隔膜，带来严重的安全问题。在此之后，Goodenough 等人开发出一系列安全有效的二次电池。1991 年日本的 Sony 公司生产出了以 $LiCoO_2$ 和 C 分别为电池正负极材料，1mol/L 的 $LiPF_6$ 溶于质量比为 1∶1 的碳酸乙烯酯和碳酸二乙酯为电解液的锂离子电池[2]。这种电池体系成功地抑制了锂枝晶的产生，明显地提高了锂离子电池的电化学循环稳定性，从根本上解决了之前存在的安全隐患，推动了锂离子电池储能高潮的到来。与此同时，钠离子电池也被广大学者进行了较为深入的研究，由于钠离子的半径比锂离子大，在离子的传导上存在当时比较难解决的问题，在电池电极材料和技术上的相对匮乏，以及锂离子电池如火如荼的发展，使得钠离子电池慢慢在化学储能这个领域的关注度越来越低。

然而，随着电子设备等领域对便携式储能设备需求量的日渐增加，锂离子电池的产量也在随着需求量的增加而增加，使得锂资源日趋紧张。全球锂资源基础储量（以碳酸锂计）约为 58Mt，可开采储量约为 25Mt，而且大多数锂资源集中于海拔 4000m 以上高原盐湖，开发利用困难。若将每 1kW·h 锂离子电池（三元氧化物正极）用锂量折合以碳酸锂计约为 0.65kg，按目前年产 5000 万辆汽车均配备 10kW·h 电池计算，则每年至少需要 32 万吨碳酸锂，仅此一项碳酸锂的需求量将是目前开采量的 1.7 倍左右；如果 50% 汽车替换成电动汽车，需要金属锂 7.9Mt（折合为 40Mt 碳酸锂，接近全球锂资源储量 58Mt）[3]。计算结果显示，锂资源的稀缺使得锂离子电池难以同时支撑电动汽车和大规模储能两大产业的发展。因此，需要发展资源丰富和价格低廉的新型储能体系。

　　钠和锂同属碱金属一族，因其资源广泛，提炼简单，价格低廉而得到科研机构、企业的广泛关注。自 1988 年钠嵌入石墨的研究以来，关于钠离子电池电极材料的研究已经取得了很多的成果。钠离子电池甚至已经开始走在了商业化道路上。丰田汽车已经制造出以钠基化合物作为正极的钠离子电池，并且该电池的电压高于锂离子电池电压的 30%。与此同时，日本一个研究小组与电池专业制造商合作，成功研发了新型钠离子蓄电池电极材料，其存储量和存储放电速度与锂离子电池基本持平。这些都证明了钠离子电池是一种很有发展前景，并且有望替代锂离子电池的下一代新型电池。而钠离子电池材料的创新即是实现其技术进步的重点。

4.2　钠离子电池的工作原理及组成

　　钠离子电池具有与锂离子电池相似的工作原理和储能机理，钠离子电池在充放电过程中，钠离子在正负电极之间可逆地穿梭引起电极电势的变化，从而实现电能的储存与释放，是典型的"摇摆式"储能机理。当充电时，钠离子从正极活性材料中脱出，在外部电压的促使下经过电解液嵌入到负极活性材料之中，为保证电荷的平衡，电子补偿电荷经外电路到负极。当进行放电的时候，钠离子将从负极材料中脱出，经电解液迁移嵌入到正极材料之中。在整个充放电过程中，钠离子在正负极之间来回迁移，而且不破坏电极材料的基本化学结构。

　　以 $Na_3Ti_2(PO_4)_3$-$Na_3Ti_2(PO_4)_3$（$Na_3Ti_2(PO_4)_3$ 既为正极又为负极）电池体系为例[4]，如图 4.1 所示。

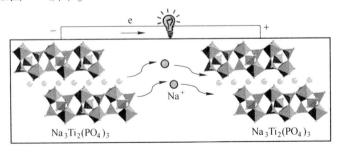

图 4.1　钠离子电池工作原理示意图

充放电时电化学反应主要为如下方程：

正极 $\qquad Na_3Ti_2(PO_4)_3 \longrightarrow NaTi_2(PO_4)_3 + 2Na^+ + 2e($充电时$)$

$\qquad 2Na_3Ti_2(PO_4)_3 + 2Na^+ + 2e \longrightarrow 2Na_4Ti_2(PO_4)_3($放电时$)$

负极 $\quad 2Na_3Ti_2(PO_4)_3 + 2Na^+ + 2e \longrightarrow 2Na_4Ti_2(PO_4)_3($充电时$)$

$\qquad Na_3Ti_2(PO_4)_3 \longrightarrow NaTi_2(PO_4)_3 + 2Na^+ + 2e($放电时$)$

总反应 $\quad 3Na_3Ti_2(PO_4)_3 \Longrightarrow NaTi_2(PO_4)_3 + 2Na_4Ti_2(PO_4)_3$

在正极中（以 O_2 为例），充电时，钠离子从 $Na_3Ti_2(PO_4)_3$ 中脱出，释放两个电子，Ti^{3+}氧化为 Ti^{4+}；当进行放电的时候，钠离子将嵌入到 $Na_3Ti_2(PO_4)_3$ 中，得到一个电子，Ti^{4+}还原为 Ti^{3+}。而在负极中，则与正极恰恰相反，充电过程中，钠离子嵌入到 $Na_3Ti_2(PO_4)_3$ 中，得到一个电子，Ti^{4+}还原为 Ti^{3+}；而在放电时，钠离子从 $Na_3Ti_2(PO_4)_3$ 中脱出，释放两个电子，Ti^{3+}氧化为 Ti^{4+}。显而易见，钠离子电池也是由正极材料、负极材料、电解液、隔膜、导电剂、黏结剂、集流体以及电池外壳等几部分组成，见表 4.1。

表 4.1　钠离子电池中主要组成部分

组件	材料/特征	例　子
正极活性材料	过渡金属氧化物/电池容量	Na_xCoO_2（$0.68<x<0.76$） Na_xMnO_2（$0.45<x<0.85$）
负极活性材料	碳/硫化物/电极可逆反应	石墨烯、MoS_2
导电剂	碳/电子电导率	乙炔黑
黏结剂	聚合物/黏结性能	PVDF/CMC
集流体	金属箔/作为极板	$Cu(-)$、$Al(+)$
隔膜	聚合物/隔离正负极，防止短路	玻璃纤维或者聚烯烃类树脂
钠盐	有机和无机的钠化合物/离子导电	高氯酸钠、六氟磷酸钠、双三氟甲烷硫酰亚胺钠
电解质溶剂	非水有机溶剂/溶解钠盐	碳酸乙烯酯（EC）、碳酸丙烯酯（PC）
添加剂	有机化合物/SEI 膜形成和过充保护	氟代碳酸乙烯酯（FEC）

正极、负极材料以及电解质的物理化学性质在一定程度上决定着钠离子电池的性能。其中在选择电极上有以下要求：（1）钠离子在嵌入和脱出材料的过程中电极电位变化较小，并接近金属钠的电位，从而保证了电池系统的输出电压；（2）钠离子在电极材料中的可逆嵌入量和充放电效率要高，从而保证电池的能量密度；（3）在钠离子的脱嵌过程中，电极结构的体积变化应尽可能小，从而保证电池的循环稳定性；（4）电极材料应具备较高的电子电导率和钠离子的迁移速率，从而保证电池可以进行大电流充放电；（5）电极材料应保证与电解液的相容性较好，同时具备较高的化学稳定性和热稳定性；（6）原料丰富，价格

低廉，无污染，易于制备。

　　钠离子电池正极材料的研究都集中在层状过渡金属氧化物、隧道型过渡金属氧化物、磷酸盐、焦磷酸盐、氟磷酸盐、六氰基金属化物以及一些有机物钠离子正极材料等[5]。图 4.2 所示为不同种类正极材料的电化学特性。其中目前层状氧化物（Na_xMeO_2，Me 为 3d 族过渡金属）依旧是研究最多的钠离子电池正极材料，但这种类型的材料一般电压窗口较低。而焦磷酸盐、氟磷酸盐等类型的正极材料拥有最高的电压，其中 $Na_4Co_{2.4}Mn_{0.3}Ni_{0.3}(PO_4)_2P_2O_7$ 和 $Na_4Co_3(PO_4)_2P_2O_7$ 具有高达 4.4V 的电压平台。而目前具有最高比容量的钠离子电池正极材料为一种由苯环和三嗪环组成的双极性多孔有机电极（BPOE），当以 10mA/g 电流密度在 1.3~4.1V 电压窗口充放电时，其比容量可达到 240mA·h/g，甚至在 7000 次循环之后，容量保持率仍可达到 80%。由于钠在正极材料中所占比重较小且与锂相比有着类似的电化学性质，因此当正极材料分别为 $LiCoO_2$ 和 $NaCoO_2$ 时，其理论比容量分别为 274mA·h/g 和 235mA·h/g，相差只有 14%。且目前钠离子电池正极材料的性能有些已经可以与相应的锂离子电池所比拟，为进一步提高其性能，就需要对高比容量负极材料进行相关研究。

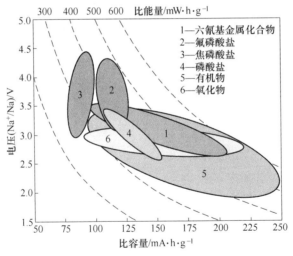

图 4.2　不同种类钠离子电池正极材料的电化学特性[5]

　　与锂离子电池类似，根据与电极材料的不同反应机制，可将电池材料分为如下 3 类[6]：嵌入型、合金型和转化型，其区别如图 4.3 所示。嵌入型材料包括目前已商业化的碳基材料（石墨及各种硬碳材料）、层状钛酸盐化合物（$Li_4Ti_5O_{12}$）等，其主要优势在于充放电过程中体积变化小，循环稳定性高，但其比容量一般较小。合金型材料主要有 Sb、Sn 等，虽然具有很高的比容量，但却在充放电过程中体积变化巨大，很容易出现电极材料粉化现象，最终导致整个电池失效。而转化型主要有各种金属氧化物、硫化物等，与嵌入型材料相比有着较大的比容量，虽然也具有较大的体积膨胀，但相较合金型则降低很多。

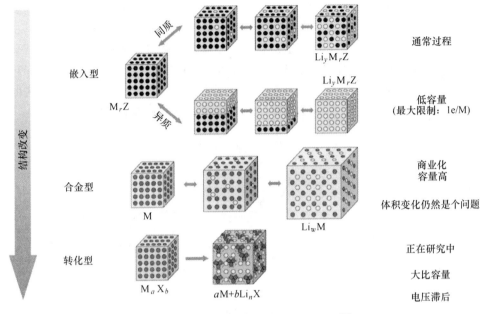

图 4.3 电极材料不同反应机制示意图[7]

钠离子电池中，电解液主要作为钠离子传输的介质，离子导电性是电解液最为重要的性能指标。同时，为了防止电子在正负极之间传输引起的短路现象，电解液又必须是电子的良好绝缘体[8]。除此外，电解液的选取还必须考虑以下因素[9]：（1）良好的化学稳定性，电池在充放电过程中本身不发生副反应，同时不与电极材料、集流体和黏结剂等发生反应；（2）良好的热稳定性，在电池充放电过程中不会因电池本身发热造成副反应出现；（3）良好的电化学稳定性，在高电压或低电压下不出现电解液的分解。

从目前的研究来看，钠离子电池的电解质从相态上可分为 4 种情况，如图 4.4 所示，主要包括液态电解质、离子液体电解质、凝胶态聚合物电解质和固体电解质，其中液态电解质又分为有机电解质和水系电解质两类，固体电解质又分为固体聚合物电解质和无机固态电解质两类。液态电解质体系一般为钠盐溶于可传输钠离子的有机溶剂中，应用较多的钠盐有 $NaClO_4$、$NaPF_6$、$NaAlCl_4$、$NaFeCl_4$ 等。对溶解钠盐的有机溶剂一般要求：溶剂的导电性较差、介电常数较高、熔点要低、有良好的钠离子传输能力，主要包括碳酸乙烯酯（EC）、碳酸丙烯酯（PC）、碳酸酯二甲酯（DMC）、碳酸乙二酯（DEC）、乙二醇二甲醚（DME）、四氢呋喃（THF）以及三乙烯醇二甲醚（Triglyme）等，通常以一定比例混合，浓度大约为 1mol/L。C. Vidal-Abarca 等人[10,11]以 NaPF$_6$ 溶于 DEC：EC＝1：1 配置的 1mol/L 的钠离子电池电解液。但是液态电解液体系存在一个问题，就是随着循环次数增加有机溶剂损失电解液浓度会变大，从而降低钠离子的移动迁移率。Patel 等人[12]通过引入黏性有机物可改善这种情况。固体电解液体系主要分为高分子聚合物基质和无机盐陶瓷基质，聚合物基质通常有聚氧化乙烯、聚四氟物、聚苯胺、聚吡咯等，而钠盐则有 NaI、NaBH$_4$、NaBF$_4$、聚磷酸钠等。这些高分子聚合物的特点主要是具有比较宽的电压窗口，可与高分子基体形成低熔点共聚物的复合材料，并且阴离子结构对称或柔顺，塑性能较好。

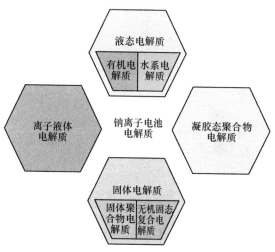

图 4.4   钠离子电池电解质分类[13]

为了进一步提高电池的性能最常用的方法是在电解液中增加添加剂[14]。添加剂的种类各式各样，主要作用是形成更稳定的 SEI 膜、防止电解液分解、提高电池安全性等。钠离子电池中，氟代碳酸乙烯酯（FEC）是目前使用最广的电解液添加剂，在许多材料体系中可以明显提高电池性能[15]。一般认为，FEC 有助于形成更加稳定的 SEI 膜，从而防止电解液持续分解，进而提高钠离子电池电化学性能。

黏结剂是电池极片中重要的组成部分，其作用是将活性电极材料和导电剂黏结到集流体上，防止脱落。黏结剂的选取需要考虑以下几方面因素：黏结性，化学和电化学稳定性，溶胀系数以及分散性等。目前广泛使用的黏结剂一般可按分散介质的不同分为两类[16]：油性黏结剂和水性黏结剂。其中油性黏结剂中的聚偏二氟乙烯（PVDF）是工业和实验研究中使用最为广泛的黏结剂，也是目前钠离子电池研究中使用最为频繁的黏结剂。相比锂离子电池，目前对钠离子电池的研究多集中在高性能电极材料的寻找及结构设计中，很少涉及黏结剂的研究[17]。然而，一些实验结果表明，合适黏结剂的选择对钠离子电池性能有着很大影响。例如，韩国 Hanyang University 的 Ming 等人[18]研究发现，当使用 PAA-CMC 黏结剂，NiO 和 CosO 两种钠离子电池负极材料的性能明显优于使用 PVDF。此外，Dai 等人[19]研究了聚合物黏结剂 PMF、水性黏结剂 CMC 和油性黏结剂 PVDF 对 Sn 纳米颗粒作为钠离子电池负极的影响。结果显示，经过 10 次充放电循环后，使用 PMF 作为黏结剂比容量依然可以保持在 621mA·h/g，而使用 CMC 和 PVDF 时，比容量分别不足 300mA·h/g，甚至接近 0mA·h/g。

隔膜一般为玻璃纤维或者聚烯烃类树脂，作用是预防两电极接触出现短路现象。它是一种特殊的高分子隔膜，其微孔结构可以让钠离子自由通过，却能阻止电子通过，保证了钠离子在电解液的迁移和脱嵌过程。实验室电池外壳主要为扣式电池壳，主要为 CR2032、CR2016 等型号的工业电池壳。

4.3 钠离子电池的特点及应用

钠离子电池作为新一代的化学能源，与已经具有极大市场规模的锂离子电池相比有以下几个特点：首先，钠资源储量丰富，成本低廉，分布广泛；其次，钠离子电池的半电池相比锂离子电池半电池电位高 0.3~0.4V，这表明可以利用分解电势较低的电解质体系[20]，意味着可供选择的电解质范围更加宽广，且制作电池的成本下降。更重要的是钠离子电池有着更加稳定的电化学性能，可以更加安全地使用。然而，如表 4.2 所示，钠离子电池也相对存在缺陷，和锂离子电池相比，钠离子的半径要大于锂离子的半径，使其在储钠材料中的迁移速度过慢而严重限制了钠离子电池倍率性能的提升和储钠容量的表达，而且钠元素具有更高的相对原子质量，也在理论上限制了钠离子电池的能量密度。对于目前常见的用于锂离子电池的电极材料，很难被直接应用于钠离子电池。此外，相对于标准氢电极（standard hydrogen electrode，SHE），Na^+/Na 电对的氧化还原电位为 $-2.74V$，明显高于 Li^+/Li 电对的 $-3.04V$，使得同类型的电极材料在用于钠离子电池时，表现出更低的储能电位和能量密度。而且，金属钠的理论比容量为 1165mA·h/g，也明显低于金属锂的 3829mA·h/g。也就是说，在同体系电池的通常情况下，钠离子电池的能量密度会明显低于锂离子电池。因此，为了开发高性能的实用化钠离子电池，深入研究获得合适的电极材料是其关键研究方向之一。

表 4.2 锂元素和钠元素的相关参数对比

参　　数	锂	钠
离子半径/nm	0.076	0.106
离子价态	+1	+1
相对原子质量	6.94	22.49

续表 4.2

参　　数	锂	钠
熔点/℃	180.5	97.7
标准电势/V	−3.04	−2.7
碳酸盐价格/美元·t^{-1}	18500	280
理论比容量/mA·h·g^{-1}	3829	1165
分布	70%在南美地区	分布广泛
结构	八面体和四面体结构	八面体或三棱柱结构
储量	0.002%	2.64%

　　钠离子电池将会承担可持续绿色能源开发的重任，当然，钠离子电池的介入，并不意味着锂离子电池的退出。相比钠离子电池以及其他镍氢电池，锂离子具有质量轻、能够制备小型轻量化设备、稳定的容量等特点，是交通运输工具的理想选择；而钠离子质量重，适合大设备能量存储，尤其适合应用于工业、航天、军事等能量存储领域。钠离子低成本，更使得钠离子电池有望在智能电网及可再生能源的大规模储能中实现广泛的应用。

4.4　二维过渡金属二硫属化合物纳米结构在钠离子电池中的应用

　　钼基、钒基、钨基、铼基等过渡金属二硫属化合物是一类比较好的钠离子电池负极材料，因为这类化合物一般具有特殊的层状结构。它们的层间距都比较大，在与钠电化学反应过程中，钠离子能嵌入层状结构。而且这类二硫属化合物的另外一个重要特点是层隙间存在范德华力，它能够提供钠离子的嵌入空间。在钠离子发生嵌入反应时，在一个完整的充电反应发生过程中，既有钠离子通过扩散到层间隙储钠，同样的还发生金属离子还原为低价态储钠。

　　以 MoS_2 为代表的过渡金属硫化物是由纳米片通过范德华力相互作用而构成的，但在层内结构上则具有其独特的结构。根据原子排布的不同，可以将 MoS_2 分为三种晶相：半导体相（2H）、金属相（1T）以及 3R 相，其中最常见的是半导体相和金属相。半导体相中，上下两层硫原子位置重叠，与 Mo 原子层形成 ABA 结构，材料整体呈现出六方对称和三棱柱配位；而在金属相中，由于硫原子层发生滑移，导致材料微观结构发生了改变，三个原子层呈现出 ABC 结构，对应的 MoS_2 从三棱柱配位向八面体配位转变[21]。结构的改变也影响到了材料性能，与半导体相相比，金属相 MoS_2 具有更好的亲水性以及更高的传导率，因此金属相 MoS_2 展现出了比半导体相 MoS_2 更加优异的性能。

　　金属硒化物（metal diseleniums，MDSs）相对于金属硫化物研究则较少。但是由于硒和硫位于同一主族不同周期，产生了差异，如硒原子半径大于硫、硒金属性强于硫、硒电离能小于硫，这些差异特性使金属硒化物具有与金属硫化物不同的层间距和带隙等，并表现出有别于金属硫化物的性质。最近一些研究发现，二维层状金属硒化物在很多领域表现出优于二维层状金属硫化物的性质，如更窄的带隙、线宽以及更好的电子空穴分离等[22]。因此，金属硒化合物，特别是二维层状金属硒化物也正在成为新的研究前沿之一，吸引了广大研究者的关注。

多数二维层状金属硒化物的晶体学结构与二维层状金属硫化物类似（见图4.5），即原子层内以共价键相互连接，原子层间是范德华力相互作用，晶体结构为六方结构，$P63/mmc$ 空间对称群，可用 MSe_2 表示（其中 M＝W，Mo，V，Re等）[23]。因此，MSe_2 同样包括 3 种性质：金属性、半金属性和半导体性。以二硒化钼为例，与二硫化钼晶体结构类似，包含 3 种晶体结构：1T，2H 与 3R 型二硒化钼。其中，1T 构型中单分子层内中心金属原子与 6 个硒原子成八面体配位，层间则是范德华力相互作用；2H 由单分子层内中心金属原子与 6 个硒原子的三棱柱配位，层间是范德华力作用；3R 型是钼原子为三棱柱六配位。三种构型中只有 2H 型是稳定态[24,25]。

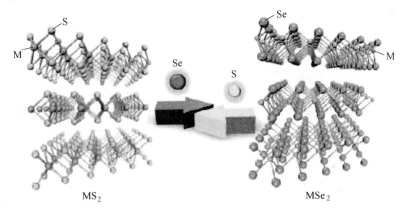

图 4.5　二维层状金属硫化物与硒化物的晶体结构示意图

4.4.1　钼基二硫属化合物及复合物

4.4.1.1　钼基二硫属化合物单体

MoS_2 具有较高的理论比容量，其独特的结构有利于钠离子的嵌入与脱出，首次发生的体积膨胀较小，而且安全性能好，对环境友好。但是作为钠离子电池的负极材料，仍遇到如下的问题：一方面，层状结构 MoS_2 属于半导体体系，其导电性较差，限制大电流的充放电性能，另外层状结构易于团聚；另一方面，在钠脱嵌的过程中，具有钠硫电池的特性，多硫化物中间产物易溶于有机电解液，导致其比容量衰减较快，循环稳定性较差。因此，MoS$_2$ 电极体系的改善工作，应该集中在于提高电极的导电性与结构的稳定性，促进电极反应动力学过程，构建有效的电极材料与电解液的接触界面，抑制充放电过程中存在的中间相多硫化物的溶解。

一般来说，负极的钠储机理可分为三种类型：插层反应、合金化和转化反应。MoS$_2$ 储钠反应过程可以分为嵌入机制和转换机制，与储锂机理不同的地方在于钠离子的嵌入电位与锂离子的嵌入电位不同，储钠机制可以表示如下：

$$MoS_2 + xNa \Longrightarrow Na_xMoS_2（V>0.4V，x<2）$$
$$Na_xMoS_2 + (4-x)\ Na \Longrightarrow Mo + 2Na_2S（V<0.4V）$$

Hu 等人[26]通过水热法合成类石墨烯的纳米花状 MoS$_2$，图 4.6 所示为 MoS$_2$ 相关的 TEM 和 HRTEM 的形貌表征。相对于块状的 MoS$_2$ 结构中 0.62nm 的层间距，MoS$_2$ 纳米花状结构具有更大的层间距，有利于 Na$^+$ 的嵌入。在充放电过程中，将工作电压窗口控制在 0.4~3V，使 MoS$_2$ 的电化学反应过程仅发生在嵌入过程，在第 10、500 和 1000 周期后记录了放电 MoS$_2$ 电极的 HRTEM 图像，第 10 周期后的 HRTEM 图像显示，MoS$_2$ 层比原来的 MoS$_2$ 层更加扩展和柔韧。经过 500 次循环后 MoS$_2$ 层进一步扩展。经过 1000 次循环后，许多 MoS$_2$ 层被分离成单层或双层，从而形成一个较大的比表面积，为 Na$^+$ 储存提供更多的活性位点，从而获得长循环稳定性的储钠性能。

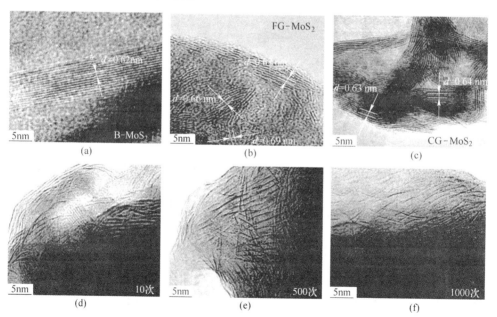

图 4.6　MoS$_2$ 的 TEM 和 HRTEM 图

对溶剂、温度、时间等实验条件的控制，Xu 等人[27]通过溶剂热法合成有序多层构造的 MoS_2 虫状结构（见图 4.7），图 4.7（a）所示为虫状 MoS_2 纳米结构的形成机理的示意图。从图 4.7（b）~（d）的 SEM 及 TEM 图中可以看出虫状的 MoS_2 大小均匀，长度超过 10 μm，单根平均直径为 200~300nm。由图 4.7（e）的 HRTEM 图看出 MoS_2（200）面层间距离为 0.61nm，为钠离子提供了较短的

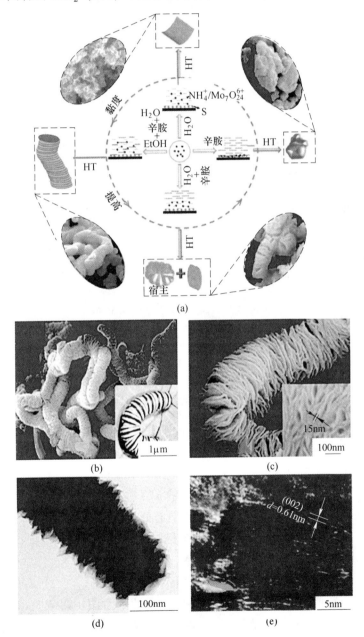

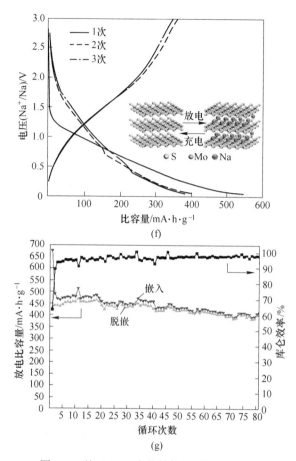

图 4.7   基于 MoS$_2$ 虫状结构的钠离子电池

（a）虫状 MoS$_2$ 纳米结构的形成机理的示意图；（b），（c）MoS$_2$ 不同倍数的 SEM 图；

（d），（e）MoS$_2$ 的 TEM 图；（f）MoS$_2$ 的充放电曲线；（g）MoS$_2$ 的循环曲线

扩散路径使得钠离子的高速率传输。在钠离子半电池测试中，虫状 MoS$_2$ 在 61.7mA/g 的电流密度下，首次比容量高达 675.3mA·h/g，循环 80 圈后，比容量可以保持在 410.5mA·h/g（见图 4.7（f）和（g））。

Wang 等人[28]通过一种简便的胶体法合成了高度有序的 MoSe$_2$ 纳米球（见图 4.8）。其独特的制备方法使 MoSe$_2$ 纳米球具有高比表面积、小尺寸的特点，便于钠离子在正负极之间高速率传输。其储钠机制如下所示：

$$x\text{Na} + \text{MoSe}_2 \longrightarrow \text{Na}_x\text{MoSe}_2 (0 < x < 2)$$

$$(4-x)\text{Na} + \text{Na}_x\text{MoSe}_2 \longrightarrow 2\text{Na}_2\text{Se} + \text{Mo}$$

图 4.8（a）所示为 MoSe$_2$ 纳米球形成过程的示意图。图 4.8（b）~（d）为 MoSe$_2$ 的 SEM 和 TEM 图，结果显示 MoSe$_2$ 纳米球形态均匀，大小约为 200 ~

450nm，（002）晶面的层间距离为 0.68nm。电化学测试表明，如图 4.8（e）和（f）所示，电压范围控制在 0.1~3V，电流密度为 0.1C 时，其初始放电比容量和充电比容量分别为 520mA·h/g 和 430mA·h/g，200 次循环之后仍然能保持在 345mA·h/g 和 344mA·h/g，并表现出良好的倍率和循环性能。

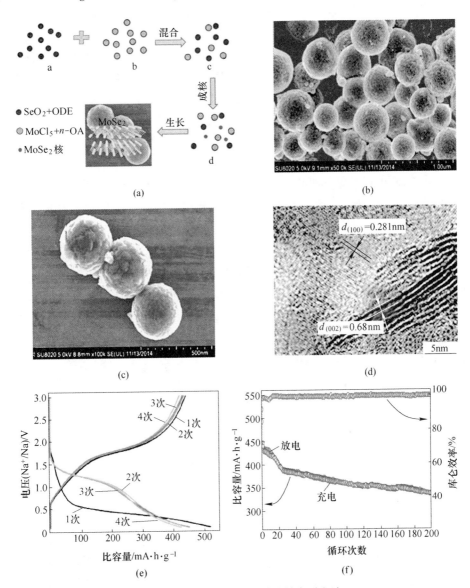

图 4.8　基于 MoSe₂ 纳米球的钠离子电池

（a）MoSe₂ 纳米球形成过程的示意图；（b），（c）MoSe₂ 不同倍数的 SEM；（d）MoS₂ 的 TEM 图；

（e）MoSe₂ 的充放电曲线；（f）MoSe₂ 的循环曲线

4.4.1.2   钼基二硫属化合物复合物

由于二硫属化合物固有的导电性较差，将二硫属化合物与碳材料复合可以增强其导电性；同时，碳材料也能缓解层状金属硫化物在储钠过程中的体积变化，从而在很大程度上提升层状金属硫化合物的储钠比容量和循环寿命。现有研究表明，主要方法是将二硫属化合物与石墨烯、碳纳米管、非晶碳进行复合或者耦合，形成片-片、片-纳米管及片-颗粒结构。具有一定嵌钠容量的石墨烯能够更好地同类石墨烯结构的二硫属化合物匹配，构成二维片-片耦合结构。同类石墨烯结构耦合的石墨烯，既抑制了二维结构 MoS_2 材料在钠嵌脱过程中的团聚现象，而二维结构 MoS_2 又能降低石墨烯的表面缺陷，提高石墨烯电化学嵌钠过程中的首次库仑效率。在耦合界面具有较高机械强度和柔韧性的石墨烯增大了层状结构 MoS_2 层间间距，扩大了钠离子嵌入空间，从而增大了可逆储钠容量，并改善了层状结构 MoS_2 电极的结构稳定性。另外，存在于二维 MoS_2 耦合界面的石墨烯具有良好的离子和电子导电性，提高了 MoS_2 电极电化学过程中的离子和电子迁移速率。

Xie 等人[29]以磷钼酸、L-半胱氨酸为前驱体，采用简便的水热法制备了具有二维异质结构的片状 MoS_2/还原石墨烯氧化物（RGO）纳米复合材料。图 4.9 所示为 MoS_2/RGO 异质结制备原理图。通过改变 MoS_2/RGO 的比例，可以有效

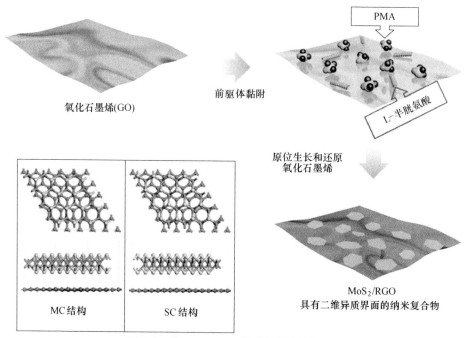

图 4.9   为 MoS_2/RGO 异质结制备原理图

地调节界面面积。如图 4.10 所示，用 SEM 和 TEM 分析了 MoS$_2$/RGO 的微观结构，该复合材料中未形成 MoS$_2$ 团聚体，说明 RGO 能够稳定 MoS$_2$ 纳米片层。当作为钠离子电池负极材料时，结果表明，如图 4.10 (e) 所示，电极表现出良好的倍率能力，即使在大电流为 640mA/g 时，比容量仍能达到 352mA·h/g。这可归因于 MoS$_2$ 与 RGO 之间形成了紧密的二维异质界面，有效地抑制了纳米片的聚集。特别是 RGO 和 MoS$_2$ 之间范德华力的相互作用导致了界面间的相互作用，也改善了电极/电解质间的界面电子转移，从而使 RGO 的电导率最大化。

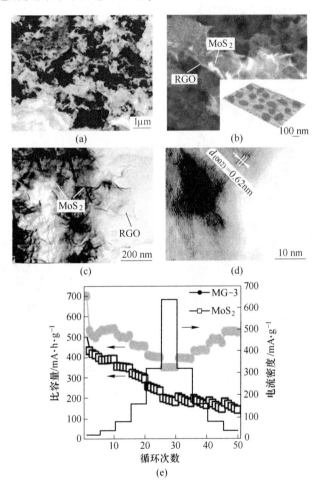

图 4.10　基于 MoS$_2$/RGO 的钠离子电池

(a)，(b) MoS$_2$/RGO 的 SEM 图；(c)，(d) MoS$_2$/RGO 的 TEM 图；(e) MoS$_2$/RGO 倍率曲线

Xu 等人[30]合成了一种由 MoS$_2$ 纳米片和非晶态碳纳米管（ACNTs）构成的一维纳米材料。图 4.11 (a) 所示为 MoS$_2$@ACNT 一维核-壳纳米结构合成过程的示意图。图 4.11 (b) 和 (c) 所示为 MoS$_2$@ACNT 的 SEM 图，该结构由层状

MoS$_2$ 和竹子状 ACNT 组成。通过图 4.11（d）所示的 TEM 图可以清晰地看出均匀的 MoS$_2$ 纳米片紧密地包裹在 ACNTs 的四周。选用 MoS$_2$@ACNT 作为负极材料，组装成钠离子电池。如图 4.11（e）~（g）所示，测试结果显示在电流密度为 500mA/g 时，充放电循环 150 次后可逆比容量仍然保持在 461mA·h/g。此外，在整个循环试验中，除了最初的几次循环外，库仑效率几乎达到 100%。MoS$_2$@ACNT 的储钠性能的改善可归因于其独特的成分和结构，如图 4.11（h）和（i）所示，层状超薄 MoS$_2$ 纳米片与独特的竹子状 ACNT 强耦合的一维核壳结构，以及 MoS$_2$ 与 ACNT 之间的协同作用有利于钠离子快速的传输。

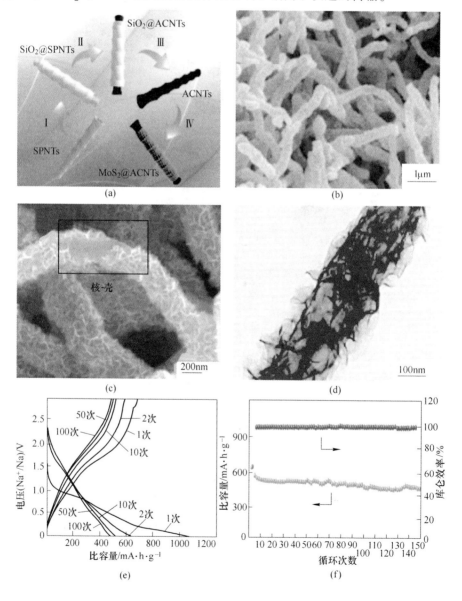

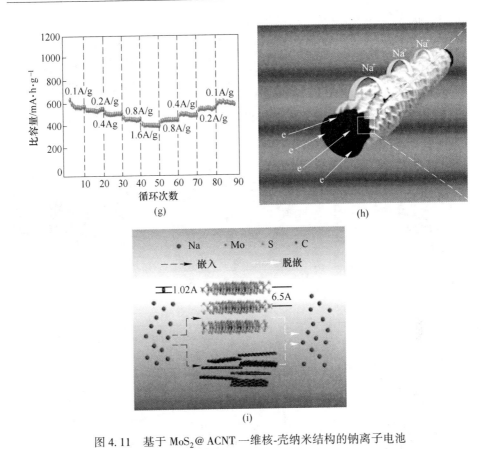

图 4.11 基于 MoS₂@ACNT 一维核-壳纳米结构的钠离子电池

（a）MoS₂@ACNT 一维核-壳纳米结构合成过程示意图；（b），（c）MoS₂@ACNT 的 SEM；

（d）MoS₂@ACNT 的 TEM 图；（e）~（g）MoS₂@ACNT 的充放电曲线、长循环曲线、倍率曲线；

（h），（i）Na⁺ 和电子输运路径的示意图

Xie 等人[31]报告了在多孔碳纸上合成垂直排列的 MoS₂ 纳米片。如图 4.12（a）所示，用纸巾作为生长基质。采用水热法和后续退火法，利用碳化后的纸巾和沉积 MoS₂ 纳米片成功地制备了大尺寸三维交织结构的 MoS₂@C 电极材料。MoS₂@C 的形貌通过 SEM 和 TEM 表征，如图 4.12（b）~（d）所示。从图 4.12（b）和（c）中可以看出 MoS₂ 纳米片密集且垂直的排列，形成了异质结构的微森林。高倍的 TEM 图可以进一步确定 MoS₂ 纳米片紧密的长在了碳支架上，其中晶格间距为 0.62nm 对应了 2H-MoS₂ 的（002）晶面，如图 4.12（d）所示。用其作为钠离子负极材料，具有高容量、高初始库仑效率、高倍率、长循环、低成本等的优点。这主要是因为 MoS₂ 和 C 直接结合，阻碍电解质与碳的接触，确保了 MoS₂ 和 C 之间良好的电子连接。另外，在不添加导电剂和黏结剂的情况下，可直接使用独立的 MoS₂@C 电极，从而克服了不活跃组分与钠之间的不良反应。

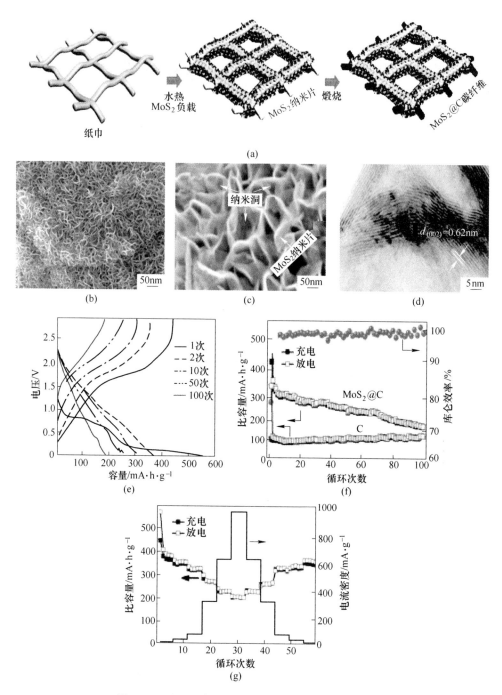

图 4.12   基于垂直排列的 MoS$_2$ 纳米片的钠离子电池

（a）在碳纸上垂直排列制备 MoS$_2$ 的示意图；（b），（c）MoS$_2$@C 的 SEM 图；（d）MoS$_2$@C 的 TEM 图；

（e）~（g）MoS$_2$@C 的充放电曲线、循环曲线、倍率曲线

同时，层状 MoS_2 纳米片在电解液中的暴露保证了理想的材料/电解质之间的相互作用，从而使 $MoS_2@C$ 电极表现出较高的可逆容量和良好的倍率能力，如图4.12（e）~（g）所示。

Kang 课题组[32]采用一步喷雾热解法制备了一种新的三维石墨烯微球，将其分为几十个均匀包覆 MoS_2 层的纳米球，如图 4.13 所示。三维 MoS_2-石墨烯复合微球由于减少 MoS_2 层的堆积和多孔石墨烯微球的三维结构的协同效应，表现出优越的钠离子存储能力。600 次循环后，复合微球在 1.5A/g 的电流密度下容量为 $322mA \cdot h/g$，库仑效率达到 99.98%。

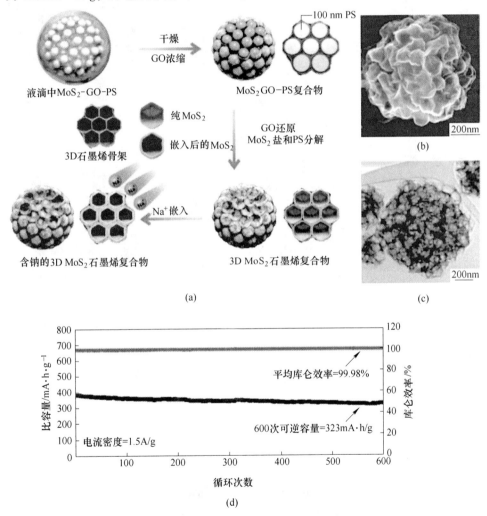

图 4.13 基于三维 MoS_2 石墨烯复合微球的钠离子电池

（a）三维 MoS_2 石墨烯复合微球形成机理的示意图；（b）SEM 图；（c）TEM 图；（d）长循环曲线

　　Kang 等人[33] 采用喷雾热解法制备了高孔硒化钼氧化石墨烯碳纳米管（MoSe$_2$-rGO-CNT）。图 4.14（a）所示为制备高孔 MoSe$_2$-rGO-CNT 复合材料的原理图。图 4.14（b）所示为 MoSe$_2$-rGO-CNT 的 SEM 图，从图中可以清楚地看出多孔结构。图 4.14（c）所示为 MoSe$_2$-rGO-CNT 的 TEM 图，其中箭头表示的是多孔骨架的碳纳米管。作为钠离子电池负极材料，rGO 薄膜、碳纳米管和 MoSe$_2$ 纳米颗粒的协同作用以及材料独特的孔结构使其具有优异的钠离子储存性能。如图 4.14（d）所示，400 圈循环后，可逆容量依然有 335mA·h/g。

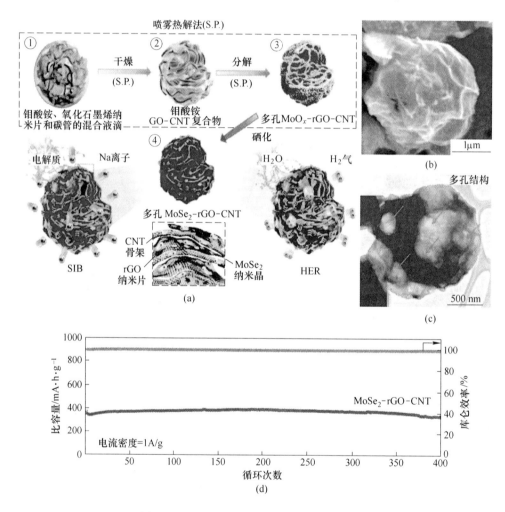

图 4.14　基于 MoSe$_2$-rGO-CNT 的钠离子电池

（a）喷雾热解法制备高孔 MoSe$_2$-rGO-CNT 复合材料的机理示意图；（b）MoSe$_2$-rGO-CNT 的 SEM 图；

（c）MoSe$_2$-rGO-CNT 的 TEM 图；（d）MoSe$_2$-rGO-CNT 的长循环曲线

4.4.2　钒基二硫属化合物及复合物

Sun 等人[34]采用一种简单的一步聚乙烯吡咯烷酮（PVP）辅助组装法合成了一层又一层的 VS$_2$叠层纳米片。图 4.15 从原理上说明了 VS$_2$叠层纳米片的形成过程。图 4.15 中（b）~（d）所示为 VS$_2$叠层纳米片的 SEM 图和 TEM 图，可以看到纳米片 VS$_2$叠层纳米片分布均匀，整个粒径约为 0.8~1.5μm，厚度在 20nm 左右。这种新型的叠层纳米片将为钠离子在嵌入/脱出过程中的体积膨胀提供稳定的骨架，从而实现长期的循环稳定性。当作为钠离子电池负极时，当电流密度为 0.2A/g 下，相应的可逆放电比容量为 250mA·h/g。即使在大电流为 20A/g 的情况下，比容量仍可以保持在 150mA·h/g 并且保持了良好的循环稳定性（见图 4.15（e）~（g））。

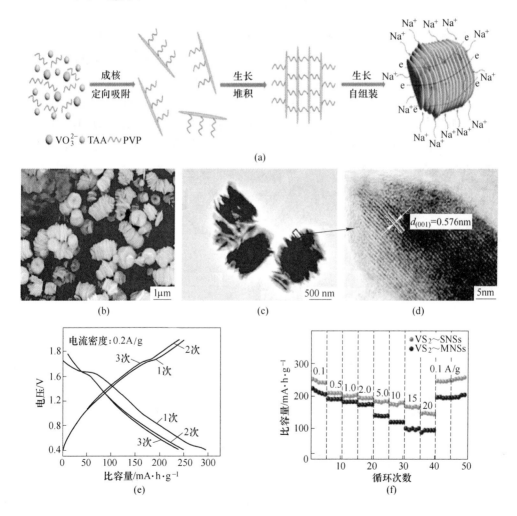

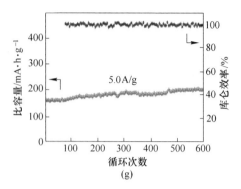

图4.15　基于 VS₂叠层纳米片的钠离子电池

（a）VS₂叠层纳米片的形成过程的示意图；（b），（c）VS₂的 SEM 图；（d）VS₂的 TEM 图；

（e）~（g）VS₂的充放电曲线；倍率曲线；循环曲线

　　Yu 等人[35]采用一种简单的溶剂热法成功地合成了纳米片自组装的分层花卉状 VS₂。如图4.16所示，在控制电压（3.0~0.3V）和合适的电解质的情况下，类花卉 VS₂在 0.1A/g 电流密度下具有很高的可逆容量，并且具有良好的循环稳定性，保持了83%和87%的初始容量，初始库仑效率高达94%，在后续循环中的库仑效率接近100%，表明该材料在工业钠离子电池中有广阔的应用前景。此外，VS₂纳米结构在电流密度高达20A/g 的情况下，放电容量保持在277mA·h/g，

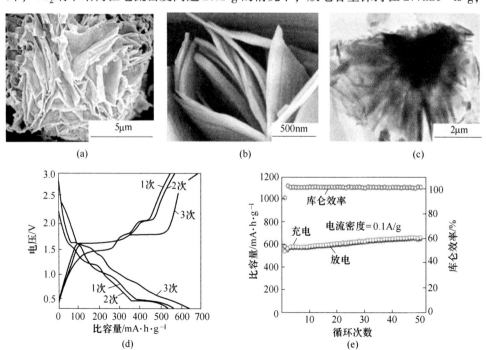

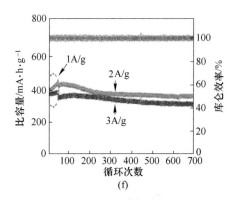

图 4.16　基于 VS_2 纳米花的钠离子电池

(a)，(b) VS_2 纳米花的 SEM 图；(c) VS_2 的 TEM 图；

(d) VS_2 的充放电曲线；(e)，(f) 不同圈数的循环曲线

表现出良好的倍率性能。

Zhang 等人[36]以工业钒、硒和 Super P 为原料，采用简易球磨法制备了碳包覆硒化钒复合材料，VSe_2/C 具有碳包覆在 VSe_2 粒子周围的结构。应用于钠离子负极材料，展现出较好的储钠性能，50 次充放电循环后，比容量仍然保持在 467mA·h/g。

4.4.3　钨基二硫属化合物及复合物

4.4.3.1　钨基二硫属化合物单体

Liu 等人[37]采用简单溶剂热法和热处理相结合的方法制备了直径为 25nm，层间距扩展为 0.83nm 的 WS_2 纳米线。如图 4.17 所示，在煅烧过程中，消除了活性铵，而保留了膨胀的层间结构，为 Na^+ 提供了大量的活性中心和快速扩散途径。此外，WS_2 纳米线的大比表面积很容易被电解质所接触，这有利于提高活性物质的利用率。因此，WS_2 纳米线在初始周期中表现出高达 605.3mA·h/g 的显著容量，但在 50 次循环后容量下降为 483.2mA·h/g。

Share 等人[38]首次合成了 WSe_2 纳米材料应用于钠离子电池中，对 6 种不同的黏结剂/电解质组合进行了研究，结果表明，在 EC/DEC 电解液中，以 $NaPF6$ 为溶质 CMC 为黏结剂的容量最高（190mA·h/g），容量保持率最高（72%），在 25 次循环中容量几乎没有变化。WSe_2 电极以 20mA/g 的电流密度下表现出超过 200mA·h/g 的可逆比容量，电流在 400mA/g 时容量保持率为 60%。

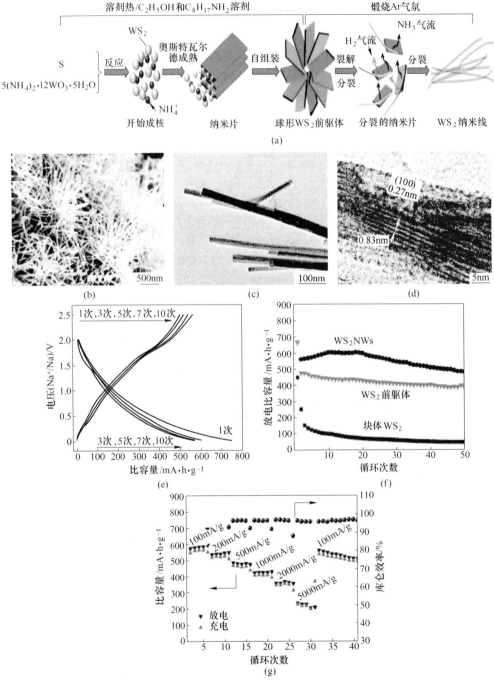

图 4.17　基于 WS₂ 纳米线的钠离子电池

(a) WS₂ 纳米线形成过程的原理图；(b) WS₂ 的 SEM 图；(c)，(d) WS₂ 的 TEM 图；

(e)~(g) WS₂ 的充放电曲线、循环曲线和倍率曲线

4.4.3.2　钨基二硫属化合物复合物

在层状金属硫化合物中，WS$_2$具有和MoS$_2$相似的充放电机理和结构[39]，在c轴方向上具有高达0.617nm的层间距，有利于钠离子的插入和脱离，在充当钠离子电极材料时，存在着和MoS$_2$相同的问题。对于改善WS$_2$的性能，往往采用相似的策略。例如，Su等人将WS$_2$和石墨烯复合在一起（图4.18（a）），获得了较好的储钠性能（图4.18（b）），在不同的电流密度下循环500圈后，可逆比容量分别为283mA·h/g（40mA/g），218mA·h/g（80mA/g），170mA·h/g（160mA/g）和148mA·h/g（320mA/g）。

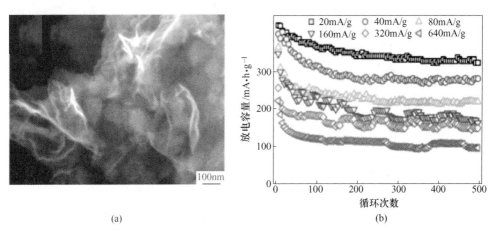

(a)　　　　　　　　　　(b)

图4.18　WS$_2$和石墨烯复合的SEM图（a）和性能测试图（b）

Lim等人[40]采用一种简单的溶剂热法制备具有垂直玫瑰花瓣状的立方纳米结构。WS$_2$@NC结构由WS$_2$纳米片和普鲁士蓝衍生的氮掺杂碳纳米立方体组成，具有独特的二维WS$_2$纳米片，并在三维多孔碳分层结构上垂直生长。图4.19（a）为WS$_2$@NC合成过程的原理图。图4.19（b）~（d）为对应的SEM图。作为钠离子电池负极时，该结构在100mA/g和5000mA/g时分别表现出较高的速率

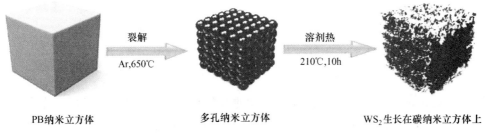

PB纳米立方体　　　　　　多孔纳米立方体　　　　　WS$_2$生长在碳纳米立方体上

(a)

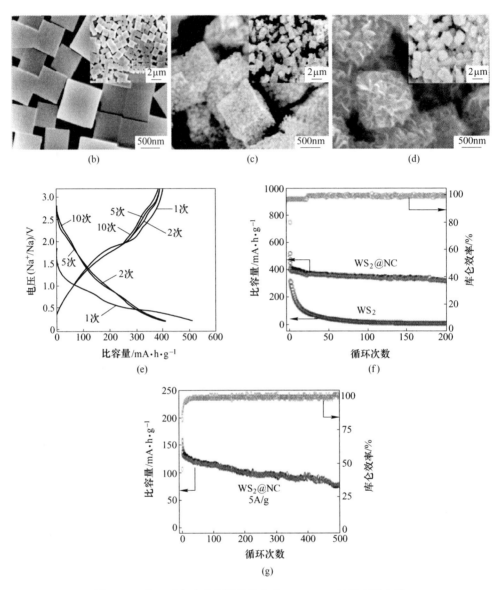

图 4. 19　基于垂直玫瑰花瓣状的立方 WS$_2$@NC 的钠离子电池

(a) WS$_2$@NC 合成过程的原理图；(b)~(d)　WS$_2$@NC 的 SEM 图；

(e) WS$_2$的充放电曲线；(f)，(g)　WS$_2$@NC 循环曲线

容量（384mA·h/g 和 151mA·h/g）。更重要的是，经过 200 次循环后，库仑效率不低于 99%。优异的电化学性能归因于复合材料的协同效应，提高了钠离子往材料内部的输运效率。

参 考 文 献

［1］ Whittingham M S. Electrical energy storage and intercalation chemistry ［J］. Science, 1976, 192 (4244)：1126~1127.

［2］ Vu A, Qian A, Stein A. Porous electrode materials for lithium-ion batteries-how to prepare them and what makes them special ［J］. Advanced Energy Materials, 2012, 2 (9)：1056~1085.

［3］ Tarascon J M. Is lithium the new gold? ［J］. Nature Chemistry, 2010, 2 (6)：510.

［4］ Senguttuvan P, Rousse G, De Dompablo M E A Y, et al. Low-potential sodium insertion in a NASICON-type structure through the Ti (III)/Ti (II) redox couple ［J］. Journal of the American Chemical Society, 2013, 135 (10)：3897~3903.

［5］ Xiang D X, Zhang K, Chen J. Recent advances and prospects of cathode materials for sodium-ion batteries ［J］. Advanced materials, 2015, 27 (36)：5343~5364.

［6］ Kim S W, Seo D H, Ma X H, et al. Electrode materials for rechargeable sodium-ion batteries：potential altetmatives to current lithium-ion batteries ［J］. Advanced Energy Materials, 2012, 2 (7)：710~721.

［7］ Palacin M R. Recent advances in rechargeable battery materials：a chemist's perspective ［J］. Chemical Society Reviews, 2009, 38 (9)：2565~2575.

［8］ Vignarooban K, Kushagra R, Elango A, et al. Current trends and future challenges of eletrolytes for sodium-ion batteries ［J］. International Journal of Hydrogen Energy, 2016, 41 (4)：2829~2846.

［9］ Ponrouch A, Monti D, Boschin A, et al. Non-aqueous electrolytes for sodium-ion batteries ［J］. Journal of Materials Chemistry A, 2015, 3 (1)：22~42.

［10］ Vidal-Abarca C, Lavela P, Tirado J L, et al. Improving the cyclability of sodium-ion cathodes by selection of electrolyte solvent ［J］. Journal of Power Sources, 2012, 197：314~318.

［11］ Recham N, Chotard J N, Dupont L, et al. Ionothermal synthesis of sodium-based fluorophosphate cathode materials ［J］. Journal of The Electrochemical Society, 2009, 156 (12)：A993~A999.

［12］ Patel M, Chandrappa K G, Bhattacharyya A J. Increasing ionic conductivity of polymer-sodium salt complex by addition of a non-ionic plastic crystal ［J］. Solid State Ionics, 2010, 181 (17~18)：844~848.

［13］ 朱娜, 吴锋, 吴川, 等. 钠离子电池的电解质 ［J］. 储能科学与技术, 2016, (3)：285~291.

［14］ Zhang S S. A review on electrolyte additives for lithium-ion batteries ［J］. Journal of Power Sources, 2006, 162 (2)：1379~1394.

［15］ Komaba S, Ishikawa T, Yabuuchi N, et al. Fluorinated ethylene carbonateas electrolyte additive for rechargeable Na batteries ［J］. ACS Applied Materials&Interfaces, 2011, 3 (11)：4165~4168.

［16］ 柴丽莉, 张力, 曲群婷, 等. 锂离子电池电极黏结剂的研究进展 ［J］. 化学通报,

2013, 76 (4): 299~306.

[17] Chou S L, Pan Y, Wang J Z, et al. Small things make a big difference: binder effects on the performance of Li and Na batteries [J]. Physical Chemistry Chemical Physics, 2014, 16 (38): 20347~20359.

[18] Ming J, Ming H, Kwak W J, et al. The binder effect on an oxide-basedanode in lithium and sodium-ion battery applications: the fastest way to ultrahighperformance [J]. Chemical Communications, 2014, 50 (87): 13307~13310.

[19] Dai K, Zhao H, Wang Z, et al. Toward high specific capacity and high cycling stability of pure tin nanoparticles withconductivepolymer binder for sodiumion batteries [J]. Journal of Power Sources, 2014, 263: 276~279.

[20] Nagelberg A S, Worrell W L. A thermodynamic study of sodium-intercalated TaS_2 and TiS_2 [J]. Journal of Solid State Chemistry, 1979, 29 (3): 345~354.

[21] Balendhran S, Ou J Z, Bhaskaran M, et al. Atomically thin layers of MoS_2 via a two step thermal evaporation-exfoliation method [J]. Nanoscale, 2012, 4 (2): 461~466.

[22] Tongay S, Zhou J, Ataca C, et al. Thermally driven crossover from indirect toward direct bandgap in 2D semiconductors: $MoSe_2$ versus MoS_2 [J]. Nano Lett., 2012, 12 (11): 5576~5580.

[23] 肖元化, 苏当成, 王雪兆, 等. 二维层状金属硒化物在电化学能源领域中的应用 [J]. 科学通报, 2017, 62 (27): 3201~3216.

[24] Gupta U, Naidu B S, Maitra U, et al. Characterization of few-layer $1T-MoSe_2$ and its superior performance in the visible-light induced hydrogen evolution reaction [J]. APL Materials, 2014, 2 (9): 092802.

[25] Lu X, Utama M I B, Lin J, et al. Rapid and nondestructive identification of polytypism and stacking sequences in few-layer molybdenum diselenide by raman spectroscopy [J]. Advanced Materials, 2015, 27 (30): 4502~4508.

[26] Hu Z, Wang L, Zhang K, et al. MoS_2 nanoflowers with expanded interlayers as high-performance anodes for Sodium-ionbatteries [J], Angewandte Chemie, 2014, 126 (47): 13008~13012.

[27] Xu M, Yi F L, Niu Y, et al. Solvent-mediated directionally self-assembling MoS_2 nanosheets into a novel worm-like structure and its application in sodium batteries [J]. Journal of Materials Chemistry A, 2015, 3 (18): 9932~9937.

[28] Wang H, Wang L, Wang X, et al. High quality $MoSe_2$ nanospheres with superior electrochemical properties for sodium batteries [J]. Journal of The Electrochemical Society, 2016, 163 (8): A1627~A1632.

[29] Xie X, Ao Z, Su D, et al. MoS_2/Graphene composite anodes with enhanced performance for sodium-ion batteries: the role of the two-dimensional heterointerface [J]. Advanced Functional Materials, 2015, 25 (9): 1393~1403.

[30] Xu X, Yu D, Zhou H, et al. MoS_2 nanosheets grown on amorphous carbon nanotubes for en-

hanced sodium storage [J]. Journal of Materials Chemistry A, 2016, 4 (12): 4375~4379.

[31] Xie X, Makaryan T, Zhao M, et al. MoS$_2$ nanosheets vertically aligned on carbon paper: a freestanding electrode for highly reversible sodium-ion batteries [J]. Advanced Energy Materials, 2016, 6 (5): 1502161.

[32] Choi S H, Ko Y N, Lee J K, et al. 3D MoS$_2$-graphene microspheres consisting of multiple nanospheres with superior sodium ion storage properties [J]. Advanced Functional Materials, 2015, 25 (12): 1780~1788.

[33] Park G D, Kim J H, Park S K, et al. MoSe$_2$ embedded CNT-reduced graphene oxide composite microsphere with superior sodium ion storage and electrocatalytic hydrogen evolution performances [J]. ACS Applied Materials & Interfaces, 2017, 9 (12): 10673~10683.

[34] Sun R, Wei Q, Sheng J, et al. Novel layer-by-layer stacked VS$_2$ nanosheets with intercalation pseudocapacitance for high-rate sodium ion charge storage [J]. Nano Energy, 2017, 35: 396~404.

[35] Yu D, Pang Q, Gao Y, et al. Hierarchical flower-like VS$_2$ nanosheets-A high rate-capacity and stable anode material for sodium-ion battery [J]. Energy Storage Materials, 2018, 11: 1~7.

[36] Yang X, Zhang Z, Carbon-coated vanadium selenide as anode for lithium-ion batteries and sodium-ion batteries with enhanced electrochemical performance [J]. Materials Letters, 2017, 189: 152~155.

[37] Liu Y, Zhang N, Kang H, et al. WS$_2$ Nanowires as a high-performance anode for sodium-ion batteries [J]. Chemistry-A European Journal, 2015, 21 (33): 11878~11884.

[38] Share K, Lewis J, Oakes L, et al. Tungsten diselenide (WSe$_2$) as a high capacity, low overpotential conversion electrode for sodium ion batteries [J]. RSC Advances, 2015, 5 (123): 101262~101267.

[39] Su D, Dou S, Wang G, WS$_2$ @ graphene nanocomposites as anode materials for Na-ion batteries with enhanced electrochemical performances [J]. Chemical Communications, 2014, 50 (32): 4192~4195.

[40] Lim Y V, Wang Y, Kong D, et al. Cubic-shaped WS$_2$ nanopetals on a Prussian blue derived nitrogen-doped carbon nanoporous framework for high performance sodium-ion batteries [J]. Journal of Materials Chemistry A, 2017, 5 (21): 10406~10415.

5 二维过渡金属二硫属化合物纳米结构在超级电容器中的应用

5.1 超级电容器研究背景

科技的进步推动了社会经济的高速发展,同时也导致了一系列的社会矛盾,例如能源枯竭和环境恶化的问题。新能源的开发和利用开始被人们提上日程,清洁能源的开发利用对于解决当前的能源危机和环境问题具有重要的意义[1]。虽然风能、太阳能以及地热能等能源已经得到了生产应用,但是由于自然因素的限制,这些自然资源的利用面临着地域限制严重、能源转化率低、气候影响较大等问题,这些因素限制了它们的广泛应用。因此,研制出一种安全高效的有关电气科学的电化学能源储存设备非常必要。

面对二次电池和燃料电池生产成本高、充电时间长以及安全性差的问题,超级电容器引起了人们的广泛关注。超级电容器,又叫做电化学电容器、双电层电容器等,是一种介于电池和传统电容器之间的电化学储能装置。超级电容器具有快速的充电—放电能力、较高的功率密度以及优异的循环稳定性(见表5.1)。目前,超级电容器通常和电池共同使用来提供额外的电源。此外,低廉的生产成本和环保清洁的特点使超级电容器被广泛应用于电动车、移动通信和国防科技等领域。然而,由于能量密度较低的原因,超级电容器在实际的应用过程中无法作为独立电源单独使用。例如,传统的商业化超级电容器提供的能量密度一般小于 $10W \cdot h/kg$,而锂离子电池能够提供的能量密度超过 $180W \cdot h/kg$。不过,超级电容器的功率密度和循环寿命远远大于锂离子电池。目前,科学家们正致力于通过研发新的电极材料和电解液以及设计独特的装置结构,来提升超级电容器的能量密度和功率密度。

表 5.1 超级电容器与传统电容器、电池的性能参数对比

参 数	电池	传统电容器	超级电容器
放电时间	$0.3 \sim 3h$	$10^{-3} \sim 10^{-6}s$	$0.3 \sim 30s$
充电时间	$1 \sim 5h$	$10^{-3} \sim 10^{-6}s$	$0.3 \sim 30s$
能量密度/$W \cdot h \cdot kg^{-1}$	$10 \sim 100$	<0.1	$1 \sim 10$
功率密度/$W \cdot kg^{-1}$	$50 \sim 200$	>10000	约 1000
充放电效率	$0.7 \sim 0.85$	约 1	$0.85 \sim 0.98$
循环寿命/次	$500 \sim 2000$	>500000	>100000

5.2 超级电容器的特点及应用

超级电容器具有优良的脉冲充放电性能,功率密度高于蓄电池,能量密度又高于传统电容。传统电容器、电池和超级电容器的 Ragone 图如图 5.1 所示[2]。此外,超级电容器充放电效率高(大于90%)、寿命超长(百万次以上)、适用温度范围宽,可在-40~70℃工作。因具有这些独特的性能,超级电容器在电力、工业、交通等领域,包括现今无处不在的移动电子设备、电力系统的元器件和新能源汽车下一代能量储存系统等方面,取得了不少商业化的应用。

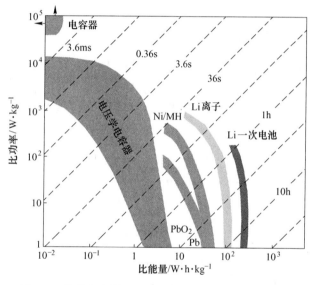

图 5.1 传统电容器、电池和超级电容器的 Ragone 图

超级电容器在便携式仪器仪表中如驱动微电机、继电器、电磁阀中可以替代电池工作。它可以避免由于瞬间负载变化而产生的误操作。超级电容器还可用于对照相机闪光灯进行供电,可以使闪光灯达到连续使用的性能,从而提高照相机连续拍摄的能力。它应用在可拍照手机上,能使得拍照手机可以使用大功率 LED。超级电容器技术还可应用在移动无线通信设备中。这些设备往往采用脉冲的方式保持联络,由于超级电容器的瞬时充放电能力强,可以提供的功率大,因此在这一领域的应用也非常广阔。在众多大型石化、电子、纺织等企业的重要电力系统特别是在大功率系统上的瞬态稳压稳流,超级电容器几乎是不可替代的器件。另外,芯片企业在选址时考虑电力的波动也是一个非常重要的环节,而超级电容器系统则可以完全解决这个问题。超级电容器在短时 UPS 系统、电磁操作机构电源、太阳能电源系统、汽车防盗系统、汽车音响系统等系统上也具有不可替代的作用。在风力发电或太阳能发电系统中,由于风力与

太阳能的不稳定性，会引起蓄电池反复频繁充电，导致寿命缩短，超级电容器可以吸收或补充电能的波动，解决这一问题。超级电容器在电动汽车、混合燃料汽车和特殊载重车辆方面也有着巨大的应用价值和市场潜力。作为电动汽车和混合动力汽车的动力电源，可以单独使用超级电容器或将其与蓄电池联用。这样，超级电容器在用作电动汽车的短时驱动电源时，可以在汽车启动和爬坡时快速提供大电流从而获得大功率以提供强大的动力；在正常行驶时由蓄电池快速充电；在刹车时快速存储发电机产生的瞬时大电流，回收能量，从而减少电动汽车对蓄电池大电流放电的限制，延长蓄电池的循环使用寿命，提高电动汽车的实用性。

5.3 超级电容器的工作原理

超级电容器的设计和制造和电池非常相似。图 5.2 所示为超级电容器的构造原理。超级电容器由电解液、隔膜以及被隔膜分隔开的两个电极组成。其中，电极材料是构成超级电容器最重要的部分，电极性能的好坏直接决定了超级电容器性能的优劣。通常而言，超级电容器的电极主要为比表面积较大的多孔纳米材料，如图 5.2 所示[3]。电流可以被储存和分隔在电极材料和电解质的表面，这个界面可以被视为双电层电容器，用公式表示为：

$$C = A\varepsilon/(4\pi d)$$

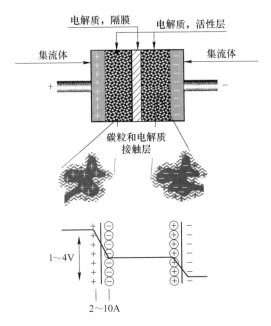

图 5.2 双电层超级电容器的原理图和电极/电解液界面的电势差说明

式中 A——电极表面的面积，说明多孔结构适宜作为超级电容器电极的活性表面；

ε——电解质介电常数，真空条件下 ε 为 1，其他材料，包括气体的介电常数大于 1；

d——双电层的有效高度。

按照工作原理的不同，超级电容器可以分为三种类型：

（1）双电层电化学超级电容器，电极主要为碳材料，不具有电化学活性。简单来说，电极材料在充电和放电过程中不发生电化学反应，而且在电极/电解液界面仅仅有单纯的物理电荷堆积现象的发生。

（2）法拉第超级电容器，电极材料具有电化学活性，例如金属氧化物，在充电和放电过程中可以直接存储电荷。

（3）混合型超级电容器。混合型超级电容器是一种新型的电化学电容器，是一种介于超级电容器和二次电池之间的储能装置，其两个电极分别采用不同的储能机理。按照两个电极材料的性质来分，混合型超级电容器主要包括两大类，一类是赝电容类电极材料（金属氧化物或导电聚合物）与双电层电容类碳电极的组合，另一类是二次电池（如锂离子电池、铅酸电池和镍氢电池等）类电极材料与双电层电容类碳电极的组合。

5.3.1 双电层超级电容器

双电层电容器是建立在德国物理学家 Helmhotz 提出的界面双电层理论基础上的一种全新的电容器（见图 5.3）[4]。众所周知，插入电解质溶液中的金属电极表面与液面两侧会出现符号相反的过剩电荷，从而使相间产生电位差。那么，如果在电解液中同时插入两个电极，并在其间施加一个小于电解质溶液分解电压的电压，这时电解液中的正、负离子在电场的作用下会迅速向两极运动，并分别在两上电极的表面形成紧密的电荷层，即双电层，它所形成的双电层和传统电容器中的电介质在电场作用下产生的极化电荷相似，从而产生电容效应，紧密的双电层近似于平板电容器，但是由于紧密的电荷层间距比普通电容器电荷层间的距离要小得多，因此具有比普通电容器更大的容量。

随后，Gouy 在双电层模型中引入了热运动的因素，使溶液中的双电层离子的排列不那么紧密，得到了 Gouy 模型。然而该模型假设离子即为点电荷，以致双电层电容被过高地估计。Stem 进一步修正完善了双电层模型，将由于静电作用使相反电荷相互吸引产生的紧密双电层结构划分为紧密层，将由于热运动产生的溶液中粒子分散远离电极表面的结构划分为扩散层。通常，在水溶液中，阳离子的半径远小于阴离子，而阴离子多以水和阳离子的形式存在，致使阴阳离子靠近界面的距离不同。为此，Grahame 在 Stem 双电层模型的基础上，将 Helmhotz

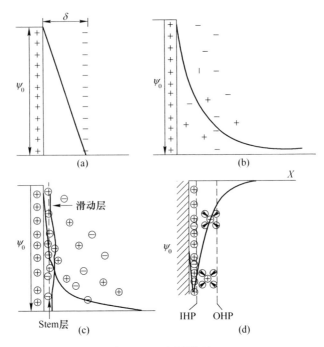

图 5.3　双电层模型

(a) Helmholtz 双电层模型；(b) Gouy-Chapman 双电层模型；

(c) Stem 双电层模型；(d) Grahame 双电层模型

层划分为内 Helmhotz 层和外 Helmhotz 层，该模型对于理解超级电容器的性质具有重要的意义。

　　双电层电容器与可充电电池相比，可进行不限流充电，且充电次数可达 10^6 次以上，因此双电层电容不但具有电容的特性，同时也具有电池特性，是一种介于电池和电容之间的新型特殊元器件。在充电过程中，电子通过外电路从负极转移到正极，在电解液中，阳离子朝着负极移动，阴离子朝着正极移动。在放电过程中，则发生相反的过程。在双电层模型的类型中，在电极/电解液的界面没有发生电荷的转移，同时在电极和电解液之间也没有发生离子交换。这意味着电解液的浓度在充电和放电过程中是不变的。因此，能量储存在双电层的界面。

　　如果用 E_{S1} 和 E_{S2} 表示双电层的表面，A^- 表示阴离子，C^+ 表示阳离子，// 表示电极/电解液界面，那么，充电和放电的电化学过程可以表示为如下反应：

正极：
$$E_{S1} + A^- \xrightarrow{充电} E_{S1}^+ // A^- + e$$

$$E_{S1}^+ // A^- + e \xrightarrow{放电} E_{S1} + A^-$$

负极：
$$E_{S2} + C^+ + e^- \xrightarrow{充电} E_{S2}^- // C^+$$

$$E_{S2}^-//C^+ \xrightarrow{\text{放电}} E_{S2} + C^+ + e$$

总反应：
$$E_{S1} + E_{S2} + A^- + C^+ \xrightarrow{\text{充电}} E_{S1}^+//A^- + E_{S2}^-//C^+$$

$$E_{S1}^+//A^- + E_{S2}^-//C^+ \xrightarrow{\text{充电}} E_{S1} + E_{S2} + A^- + C^+$$

5.3.2 法拉第超级电容器

法拉第超级电容器又称做赝电容超级电容器，不同于双电层超级电容器。当对法拉第超级电容器施加一个电压时，在电极材料上发生快速的法拉第（氧化还原）反应，并且涉及电荷穿过双电层的通道，这和电池在充电和放电过程中的反应相似，导致感应电流通过超级电容器。产生这类反应的电极材料包括导电聚合物以及一些金属氧化物。在法拉第超级电容器的电极上发生三种类型的电极反应：可逆的吸附作用（例如金或者铂电极表面对氢的吸附）、过渡金属氧化物的氧化还原反应、基于导电聚合物材料的掺杂—脱掺杂过程（见图5.4）[5]。

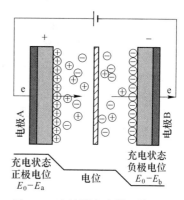

图 5.4 法拉第电容器工作原理

研究证明，这些法拉第电化学过程不仅拓宽了工作电压，同时提升了超级电容器的比电容。因为电化学反应过程不仅发生在电极材料的表面，同时发生在材料的内部，相较于双电层电容器而言，法拉第电容器展示了较大的比电容和能量密度。Conway等人研究证明，法拉第电容器的电容值是双电层电容器的10～100倍。然而，由于法拉第反应过程的速度低于双电层过程，因此法拉第电容器的功率密度一般小于双电层电容器。此外，和电池类似，由于电极材料的氧化还原反应，超级电容器在循环过程中展示出较差的循环稳定性。

5.3.3 混合型超级电容器

混合型超级电容器在充电过程中，双电层反应机制和法拉第反应机制同时发生。在充电或放电过程中，阳离子和阴离子分别向两个电极移动，法拉第电容器电极发生氧化还原反应，同时，双电层电容器电极发生离子的吸附/脱附或者快速的电荷转移，外电路产生响应电流（见图5.5）[6]。混合型超级电容器由一个电容型电极和一个电池型电极构成，电容型电极可以是双电层电极，也可以是赝电容型电极，既可以作为正极，也可以作为负极。由于电极的多样性，混合型超级电容器的种类特别丰富。包括锂离子混合电容器、钠离子混合电容器、酸性混合电容器以及碱性混合电容器等。混合电容器的电极可以为水溶液体系，也可以为非水溶液体系[6]。

由于电池型电极较高的比容量，相对于传统的超级电容器而言，混合型超级电容器展现出较高的能量密度。由于电容型电极的存在，混合电容器克服了电池功率密度较低的弊端，同时，电池型电极的设计思路保证了混合电容器快速的电化学反应机制。混合型超级电容器的能量密度通过以下两种途径得到提升：（1）容量提升。由于电池型电极的容量超出电容型电极数倍，因此混合电容器的容量相较于传统的对称性超级电容器可以提升数倍。（2）电压扩充。对于对称性超级电容器而

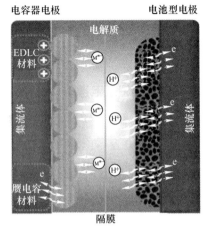

图 5.5　混合型超级电容器反应模型

言，其工作电压不能超过其电极的最大工作电压，因而对称性超级电容器存储的容量仅为其电极容量的一半。通过选择合适的电压区间的电池型电极，可以使得电容型电极的比电容得到充分的利用，而且混合电容器的输出电压可以被适当地增大。

5.4　超级电容器电极材料

电极材料在超级电容器的研究中具有重要意义。超级电容器的电极材料主要分为碳基材料、金属氧化物、导电聚合物及它们的复合材料。近年来，具有优良性能的硫化物、氮化物和碳化物材料也成为超级电容器电极材料的研究热点，并受到了广泛关注。

5.4.1　碳材料

碳纳米材料是双电层电容器的首选电极材料，几乎所有投入使用的电动汽车采用的都是碳材料或者碳材料的复合物，人们对碳材料的研发已经步入了一个高层次的阶段。众所周知，碳材料的原料丰富易得、比表面积大、电导率高、物理化学稳定性好、电化学窗口宽、孔径结构可调控，这些优点满足了双电层电容器的需求，所以它当之无愧是一种理想的电极材料。表 5.2 列举了常见的超级电容器碳电极材料性能参数的比较结果[7]。以下重点介绍三种碳材料：活性炭（乙炔黑）、碳纳米管和石墨烯。

活性炭来源于含碳的有机物前驱体，在惰性气体的保护下经过碳化后，用物理或者化学方法对其进行活化处理，以提高表面积和孔体积。乙炔黑是活性炭中的一种，将其用于超级电容器的构建，其电容量主要取决于其有效的比表面积[8]。

表 5.2 超级电容器碳电极材料性能参数的比较

电极材料	比表面积/$m^2 \cdot g^{-1}$	比电容/$F \cdot g^{-1}$	导电性能/$S \cdot cm^{-1}$
活性炭（AC）	1000~3000	100~160	约400
碳纤维（CNF）	10~200	70~180	200~1000
碳纳米管（CNTs）	200~800	60~150	1000~2000
碳气凝胶（CRF）	400~900	100~125	25~100
碳化物骨架碳（CDC）	400~800	168~220	约400
模板炭（TMC）	1000~2000	180~250	约500

一般情况下，较高的活化温度、较长的活化时间和较大的活化试剂比例都会使材料的比表面积和孔容量增大。但碳材料的比电容并不与其比表面积呈线性相关，还与孔结构、孔径分布、表面官能团、欧姆内阻等因素有关。所以，调节活性炭（乙炔黑）的孔径分布也是提高材料比电容必不可少的环节[9]。为此，研究者做了一系列活性炭的改性工作，以期得到更高比电容的活性材料。例如，Tay 等人[10]利用废弃的生物质，分别以 K_2CO_3 和 KOH 为活化剂，处理得到活性炭材料。实验结果表明：采用 K_2CO_3 活化的活性炭具有更高的孔隙率，800℃退火后得到其比表面积高达 1352.9m^2/g。

自 1911 年，自 S. Lijima 发现了一维管状材料——碳纳米管后，其独特的相互缠绕成的网状结构和大的比表面积、低的电阻率，为电解液离子提供了传输通道，并有效地克服了有机系电解液的高黏度的缺点，被广泛研究。图 5.6 所示为碳纳米管的构型，一般情况下，碳纳米管的直径在几纳米到几十纳米之间，根据碳层蜷曲的层数，可以分为单壁碳纳米管（SWCNT）和多壁碳纳米管（MWCNT）。碳纳米管最早作为双电层电容器的电极材料时，以硫酸为电解液，比电容仅有 49~113F/g，功率密度为 8kW/kg，此性能不满足实际应用的需要[11]。随着纯化技术和合成新技术的发展，碳纳米管能够在特定的条件下（等离子活化处理）呈阵列生长，有效地降低了电极的内阻，从而有助于提高比电容和功率密度[12,13]。在 Lu 等人[14]的报道中，利用等离子活化技术

 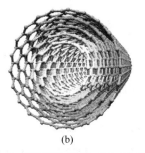

(a)   (b)

图 5.6 单壁碳纳米管（a）和多壁碳纳米管（b）的示意图

和真空化学气相沉积的方法制备了有序排列且开口的碳纳米管，比表面积高达 $400m^2/g$，在有机体系电解液中，电化学性能测试表明，此碳纳米管具有 440F/g 的比电容，能量密度和功率密度也高达 $148W·h/kg$ 和 $315kW/kg$。此外，Hse 等人[15]以碳布为基底指导碳纳米管的直立生长，制备了柔性的超级电容器。但是，单纯的碳纳米管的比电容低阻碍其在超级电容器中的进一步应用，经济制备比电容高的碳纳米管是目前要解决的关键问题。

2004 年，Novoselov 等人[16,17]采用胶带多次机械剥离的方法成功地制备了单层石墨烯，说明了二维晶体结构的独立存在。此后，掀起了研究石墨烯的热潮。石墨烯中碳原子以 sp^2 杂化轨道形成六角形蜂窝晶格，相互连接得到一个原子厚度的二维纳米材料，是构成其他碳族材料同素异形体的基础。如图 5.7 所示，石墨烯的片段结构包裹闭合得到零维的富勒烯，卷曲环状闭合得到一维的碳纳米管，层状堆叠可得到三维的石墨。

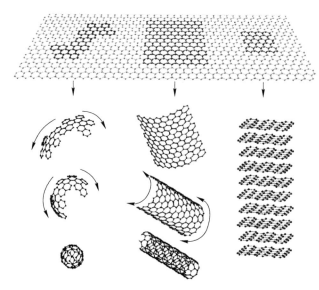

图 5.7　石墨烯的结构及其构建其他维度单元

石墨烯独特的结构决定了它的特殊性质。例如，石墨烯的导带与价带在费米能级的顶点上重合，被看做是零带隙的半导体材料，表现出双极性电场效应[18]；石墨烯中的载流子可以连续调控，在电子和空穴之间穿梭，迁移速率快，即使载流子的浓度超高，其迁移率也能保持在很高的数值；由于共价键 C—C 键具有极强的键能以及体系中 π 电子的自由移动使得石墨烯成为机械强度高且导电性能好的纳米材料。

石墨烯用于超级电容器的构建，主要取决于其大的比表面积（理论比表面积 $2630m^2/g$）和良好的导电性能。2008 年，M. D. Stoller[19]首先将化学改性的石墨烯用作超级电容器的电极材料，分别在水系和有机系电解液中检测其性能，得到比电容为 135F/g 和 99F/g。随后，石墨烯在超级电容器中的研究炽热化。但是，单层的石墨烯材料在室温下易形成褶皱堆叠，大大减小了其有效的比表面积。将法拉第赝电容器电极材料与石墨烯复合是解决上述问题的途径之一，既使复合材料拥有大的比表面积，又合理地利用了石墨烯较好的导电性，它们优势互补，可以获得大的比电容及高的能量密度和功率密度。

5.4.2 金属氧化物

金属氧化物是法拉第赝电容器的主要电极材料，研究最早也最成熟的是氧化钌（RuO_2），它们导电率高，电化学性能良好，由于成本高并未商业化。鉴于金属氧化物具有高的比电容[20,21]，且资源丰富，降低成本制备新型的电极材料受到了研究者的广泛关注。常见的金属氧化物有 Co_3O_4、MnO_2、TiO_2、NiO 等，这些过渡金属氧化物又有自身的缺陷，如导电性弱导致低比电容、充放电过程中的体积膨胀导致稳定性差。因此，开发金属氧化物电极材料的重点转向了在廉价的基础上寻找电化学性能好的稳定的电极材料。

2012 年，Shen 等人[22]制备了三明治夹心结构的 MnO_2-Mn-MnO_2纳米管阵列（见图 5.8），中间的金属层具有良好的导电性，解决了外层 MnO_2 导电性能低的问题，此材料除了比电容较高外，还具有高的能量密度和功率密度，稳定性极佳。2014 年，Lou 课题组[23]用自模板法制备了均匀的双合金 $NiCo_2O_4$ 空心球（见图 5.9），并用于超级电容器的构建，提高导电性和稳定性的同时，也提高了材料的倍率性能。

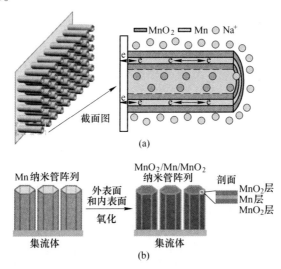

图 5.8 MnO_2-Mn-MnO_2纳米管阵列的三层剖面图（a）及其内部结构（b）

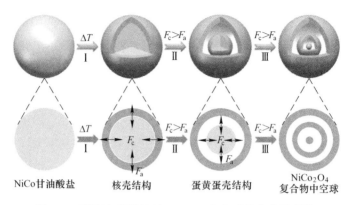

NiCo甘油酸盐   核壳结构   蛋黄蛋壳结构   NiCo$_2$O$_4$复合物中空球

图 5.9 双层核-壳结构的 NiCo$_2$O$_4$空心球的合成示意图

5.4.3 导电聚合物

导电聚合物的储能机理（见图 5.10）是：在导电聚合物的表面形成双电层，通过聚合物膜中发生迅速可逆的 N 型和 P 型元素掺杂与去掺杂反应实现电荷的存储[24]。这种材料实际上是发生氧化还原反应产生的赝电容，所以也是法拉第赝电容器。

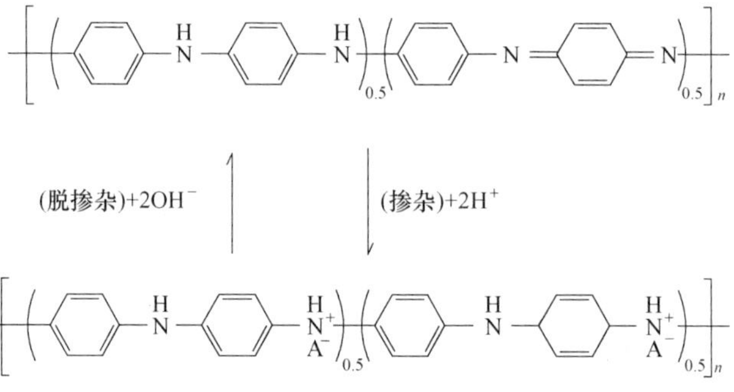

图 5.10 聚苯胺（PANI）的掺杂和去掺杂过程

导电聚合物主链上具有共轭体系，但缺乏有效的长程有序性，限制了电荷的自由运动。掺杂和去掺杂是解决导电性差的有效方法，同时材料的电活性也得到了增强。目前认为聚苯胺（PANI）、聚吡咯（PPy）和聚噻吩（PTH）及其衍生物是最理想的电极材料，它们电导率大、氧化还原反应速率快，能够获得满意的能量密度和功率密度。而聚苯胺制备过程更简单，研究得更为广泛。利用配位化学聚合的方法，采用纳米管状的 MnO$_2$ 为模板，Chen 等人[25]成功地合成了聚苯胺纳米管（见图 5.11），中空的管状结构为粒子在电极的表面发生转移以及快速的氧化还原反应提供了足够的空间，相比于聚苯胺纳米纤维，管状的电极材料具有更加优越的电化学性能。Yu 等人[26]在碳布上原位生长了 TiO_2@PPy 纳米棒（见图 5.12），该材料的合成是将 PPy 沉积在 TiO_2 上，形成了包覆结构，两组分相互协同，提高了材料的电化学性能。

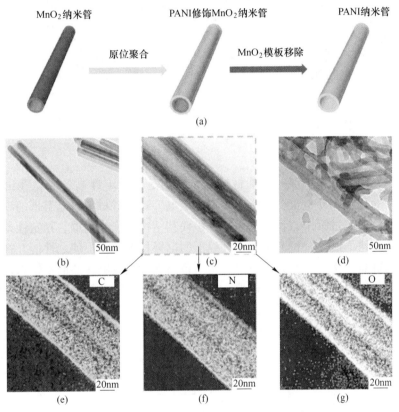

图 5.11 MnO_2模板辅助合成 PANI 纳米管

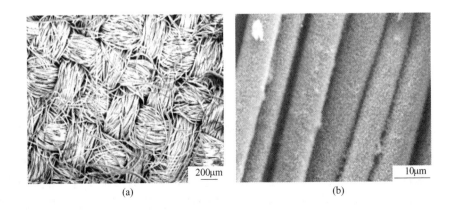

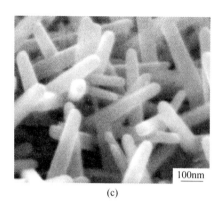
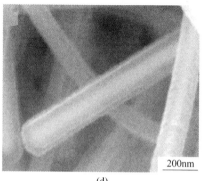

(c)   (d)

图 5.12   TiO$_2$ 及 TiO$_2$@PPy 纳米棒的扫描电镜图

5.4.4 复合电极材料

根据目前的研究状况，碳基材料的来源广泛、稳定性高，但是其比电容较低；金属氧化物和导电聚合物弥补了双电层电容器碳基材料比电容低的缺点，在氧化还原反应的过程中，粒子的来回穿梭使其结构膨胀或坍塌，稳定性差，使其容量衰减过快。因此，将两种或两种以上的电极材料复合，使之性能互补，既拥有各自的优点，又克服彼此的不足，是制备高性能超级电容器的不错选择。目前的研究工作主要有：为提高导电聚合物的稳定性和导电性能，将其与碳基材料复合；将金属氧化物与碳基材料复合，也是研究的热点。表 5.3 所列为常见的复合材料的制备方法及其比电容[27]。

表 5.3   常见复合材料的制备方法和比电容

电极材料	制备方法	电极比电容 /F · g^{-1}		
		碳	聚合物	复合物
PANI/C [28]	原位聚合	239	—	409
PANI/C [29]	循环伏安法	82	—	175
PPy/C [30]	原位电化学聚合	—	—	354
PPy/C [31]	原位聚合	—	—	588
PEDOT/C [32]	电沉积	12	78	158

5.5   二维过渡金属硫属化合物纳米结构在超级电容器中的应用

自 2004 年科学家们首次剥离出单层石墨烯后，石墨烯因其优异的电学、光学、力学及电化学特性被人们广泛研究。然而本征态的石墨烯不存在能带间隙，这使得它在电子及光电子器件等方面的应用受到一定限制。因此近年来具有类石墨烯层状结构的半导体材料受到越来越多的关注。其中 TMDCs 凭借丰富的边缘结构、巨大的比表面积、较大的开关比、良好的化学稳定性和可调的禁带宽度而引人注目[33]。近年来，TMDCs 已被广泛用于制造场效应晶体管、发光二极管、集成电路、催化、超级电容器以及锂电池电极等领域。

5.5.1 过渡金属硫化物纳米材料在超级电容器中的应用

基于过渡金属硫化物优异的性质，Huang 课题组对过渡金属硫化物在超级电容器应用方面做了大量的研究，尤其是过渡金属二硫化钼在超级电容器中的应用。2013 年，Huang 等人报道了一种高比表面积（102.8m²/g）的二硫化钼-石墨烯超级电容器负极复合材料（见图 5.13）[34]。

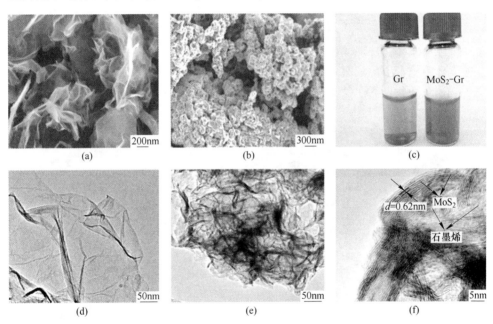

图 5.13 二硫化钼-石墨烯形貌表征

（a）石墨烯的 SEM 图；（b）二硫化钼-石墨烯的 SEM 图；（c）石墨烯和二硫化钼-石墨烯分散在水中静置两天后对比；（d）石墨烯的 TEM 图；（e）二硫化钼-石墨烯的 TEM 图；（f）二硫化钼-石墨烯的 HRTEM 图

合成的 MoS_2-Gr 复合材料克服了石墨烯本身因层间较大的范德华力而导致的堆垛问题，同时石墨烯的存在有效增强了复合材料的导电性。经测试，该 MoS_2-Gr 复合材料在-1~0V 的工作电压下的比电容为 243F/g（1A/g），在 10A/g 电流密度下比电容为 100F/g，展示出良好的倍率性能。同时，复合材料的循环稳定性也得到了保障，在 1A/g 电流密度下，经过 1000 圈的循环测试，92.3%的初始容量能够被保留下来。

同年，该课题组还报道了一种聚苯胺-二硫化钼（PANI/MoS$_2$）纳米复合材料在超级电容器中的应用（见图 5.14）[35]。具有石墨烯结构的二硫化钼纳米材料作为支撑 PANI 的二维骨架，起到了良好的导电作用和较大的比表面积，使得电极材料和电解液充分接触，提升了材料的利用率。同时，独特的二维层状结构为电子的转移提供了移动通道，缩短电子的传输距离，促进电子的转移速率，从而提升材料的比电容和循环稳定性。PANI 的引入在增加二硫化钼复合材料导电性的同时，有效抑制了二硫化钼在充电和放电过程中的结构塌陷，提升材料的倍率性能和循环寿命。经测试，PANI/MoS$_2$纳米复合材料在 1A/g 电流密度下的比电容为 575F/g，在 10A/g 电流密度下仍然能获得 500F/g 的比电容，表现出优异的倍率性能。在 1A/g 电流密度下，经过 500 圈的循环，仅有 2%的容量衰减。

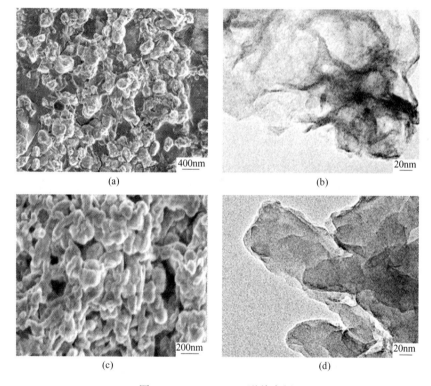

图 5.14   MoS$_2$/PANI 形貌表征

（a）MoS$_2$的 SEM 图；（b）MoS$_2$ 的 TEM 图；（c）MoS$_2$/PANI 的 SEM 图；（d）MoS$_2$/PANI 的 TEM 图

2014 年，该课题组报道了一种二硫化钼-多壁碳纳米管（MoS$_2$/MWCNT）超级电容器负极复合材料（见图 5.15）[36]。多壁碳纳米管独特的结构为质子的传输提供了多种有效途径，较大的比表面积和良好的导电性能够使二硫化钼的活性反应位点充分暴露，提升材料整体性能。该复合材料在$-0.8 \sim 0.16$ V 电压范围内表现出典型的双电层储能机制，在 1A/g 电流密度下，首次放电容量可以达到 452.7F/g，并且在 10A/g 电流密度下容量可以达到 333.7 F/g。在 1A/g 电流密度下经过 1000 圈的充放电循环，仍然具有 95.8% 的初始容量。

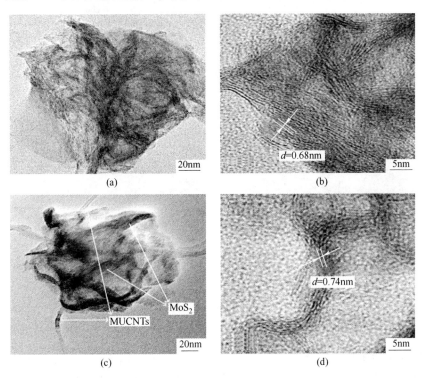

图 5.15　MoS$_2$ 和 MoS$_2$/MWCNT 形貌表征

(a) MoS$_2$ 的 TEM 图；(b) MoS$_2$ 的 HRTEM 图；(c) MoS$_2$/MWCNT 的 TEM 图；

(d) MoS$_2$/MWCNT 的 HRTEM 图

　　形貌结构对电极材料的性能具有至关重要的作用。2014 年，Huang 等人通过一步水热的合成方法，制备出形貌可控的二硫化钼多孔纳米球（见图 5.16）[37]。所制得的二硫化钼纳米球形材料表现出良好的晶型结构，具有丰富活性反应位点的（002）晶面得以充分暴露，丰富的多孔结构和较大的比表面积进一步增加了材料同电解液的接触面积，提升了材料的利用效率。同时，较大的层间距保障了质子的快速传输，有利于提升材料的倍率性能和循环稳定性。该材料以 1mol/L 硫酸钠为电解液，在 -0.8~0.2V 的工作电压区间，表现出典型的双电层超级电容器储能机制。在 1A/g 电流密度下，电极展示出了 129.2F/g 的比电容，即使在 10A/g 电流密度下，也仍能保持 73.8A/g 的比电容。

　　此外，大量研究证明，金属相结构的过渡金属硫化物具有更好的电化学导电性，在实际应用中展示出更高的比容量和循环稳定性。2011 年，Feng 等人成功

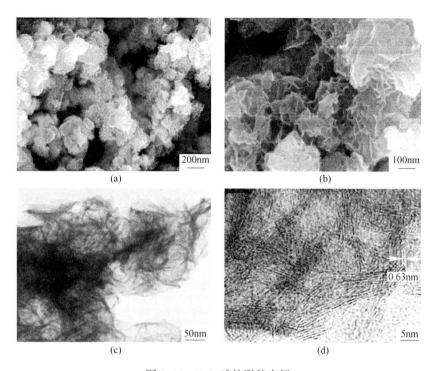

图 5.16　MoS₂球的形貌表征

（a），（b）MoS₂球在不同放大倍数下的 SEM 图；（c），（d）MoS₂ 球在不同放大倍数下的 TEM 图

制备出少层金属相二硫化钒纳米片（见图 5.17（a）和（b））[38]，并应用于平面超级电容器。该设备展现出标准的双电层的电化学反应机制，展示出 $4760\mu F/cm^2$ 的比容量，并且经过 1000 圈的循环后，仍能保持 90% 的初始容量。2017 年，Geng 等人将二维水耦合金属相二硫化钼应用于超级电容器（见图 5.17（c）和（d））[39]，在 5mV/s 的扫描速度下获得了 380F/g 的比电容。在 5A/g 电流密度下经过 10000 次的充放电循环，比电容仍旧可以维持在 150F/g，展示出优异的电化学性能。

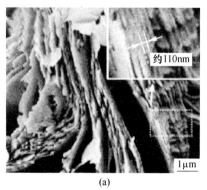

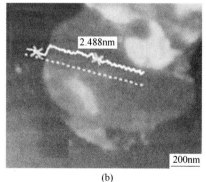

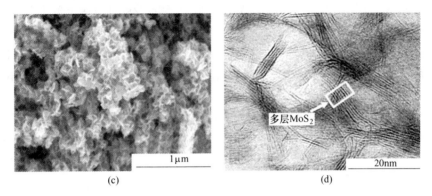

图 5.17 形貌表征

(a) VS$_2$ · NH$_3$的 SEM 图；(b) VS$_2$的 AFM 图；(c) 金属相二硫化钼的 SEM 图；

(d) 金属相二硫化钼的 TEM 图

5.5.2 过渡金属硒化物纳米材料在超级电容器中的应用

和硫相比，硒具有更加优异的电化学导电性，并且具有和硫相似的二维结构，而且较为低廉的价格使得过渡金属硒化物在超级电容器中同样得到了广泛的应用。2015 年，Huang 等人以泡沫镍为基底合成了垂直生长的二硒化钼电极材料（见图 5.18）[40]。图 5.18（a）和（b）分别为 MoSe$_2$ 和 MoSe$_2$-Ni 的 SEM 图。从图 5.18 中可以看出，在没有泡沫镍的辅助作用下，MoSe$_2$ 表现为任意堆叠的层状结构，而 MoSe$_2$-Ni 则可以在泡沫镍上直立生长（手指状）。前者在离子和电子来回穿梭发生氧化还原反应的过程中结构不稳定，易坍塌，造成超级电容器的稳定性差；后者由于泡沫镍的多孔结构，在孔壁上泡沫镍可以规则的直立向上，为电解液中离子和电子的转移提供了更畅通的通道，加快了转移的速率，提高速率和比电容的同时也大大提高了材料的稳定性。

图 5.18 形貌表征

(a) MoSe$_2$ 的 SEM 图；(b) MoSe$_2$-Ni 的 SEM 图

图 5.19 （a）所示为 $MoSe_2$ 和 $MoSe_2$-Ni 在 50mV/s 的扫速下的循环伏安曲线，从图中可以看出明显的氧化还原峰，即法拉第赝电容的特性，这是因为在电解液的作用下，发生了 Mo^{6+}/Mo^{4+} 转变的氧化还原反应。$MoSe_2$-Ni 的 CV 曲线的积分面积较大，说明它拥有更大的比电容。与 CV 曲线一致，从图 5.19（b）中可以看出，$MoSe_2$-Ni 比 $MoSe_2$ 的充放电时间更长，根据公式 $C_m = I\Delta t/m\Delta V$ 可以计算出两者的比电容分别为 1114.3F/g 和 744.3F/g。究其原因，主要是有序排列的手指状的 $MoSe_2$ 具有更牢固的结构、更顺畅的通道，有利于粒子的快速转移

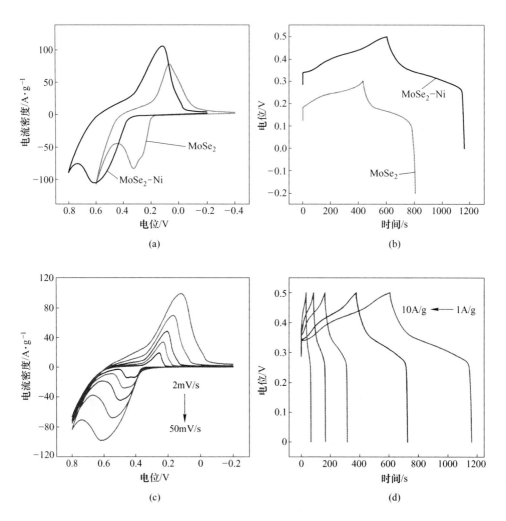

图 5.19　电化学性能测试

（a）$MoSe_2$ 电极材料的循环伏安比较图；（b）$MoSe_2$ 电极材料的恒电流充放电比较图；

（c）$MoSe_2$-Ni 在不同扫速下的循环伏安曲线；（d）$MoSe_2$-Ni 在不同电流密度下的恒电流充放电测试图

和氧化还原反应的快速发生。图 5.19 (c) 展示了在不同的扫描速度 (2mV/s, 5mV/s, 10mV/s, 20mV/s 和 50mV/s) 下, $MoSe_2$-Ni 的循环伏安曲线。随着扫描速度的增大, CV 曲线的形状变化很小, 峰位置发生了小幅度的偏移。图 5.19 (d) 给出了不同电流密度下 $MoSe_2$-Ni 的恒电流充放电曲线, 结果显示随着电流密度的增大, 充放电时间逐渐缩短, 相应的比电容逐渐减小。这一趋势与 CV 曲线一致, 是由于电解液在电极/液体界面及内部扩散的速率太大, 氧化还原反应来不及发生造成的。当扫描速度或者电流密度增大时, 活性材料的表面 (和近表面) 的利用率降低, 最终导致比电容的下降。

图 5.20 (a) 更直观地比较了 $MoSe_2$-Ni 和 $MoSe_2$ 电极材料的比电容。在各个电流密度下, $MoSe_2$-Ni 均表现出良好的性能。值得注意的是, $MoSe_2$-Ni 的比电容从小电流密度到大电流密度只下降了 30%, 表现出良好的倍率性能。在这样的情况下, $MoSe_2$-Ni 的多孔结构和通道对促进电解液在界面的快速浸湿和离子的快速传递、OH^- 扩散距离的缩短、氧化还原反应速率的提高起到了决定性的作用。为了检测电极材料的稳定性, 在大电流密度 5 A/g 时, 进行了多次的循环恒电流充放电测试 (见图 5.20 (b))。实验结果表明, $MoSe_2$-Ni 的稳定性远高于 $MoSe_2$, 循环 1500 圈之后, 比电容仍维持初始比电容的 104.7%, 呈现先增长, 后稳定的趋势。这种现象可以解释为: 在泡沫镍模板内部的材料逐渐被电解液润湿, 转变为有效的活性表面, 比电容随之提高, 当润湿的面积达到极限时, 比电容稳定。

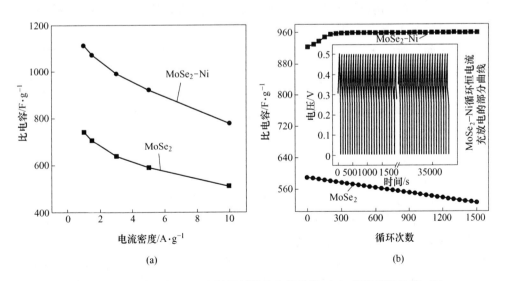

图 5.20 $MoSe_2$ 和 $MoSe_2$-Ni 电极材料的比电容比较 (a) 和稳定性比较 (b)

　　为了进一步提高电极材料的比表面积和导电性能，Huang 等人[41]采用柔性基底泡沫镍的辅助制备了 MoSe$_2$-石墨烯柔性电极。从图 5.21 可以看出，银灰色泡沫镍上负载 MoSe$_2$-石墨烯后变为黑色，说明活性材料已成功地生长在多孔泡沫镍上。该电极无论是弯曲 45°还是 90°，恢复原状后没有任何的损坏，重复该过程数次，电极也没有发生明显的变形，说明材料的柔韧性良好，可以折叠压缩，可用于制备小体积的超级电容器。

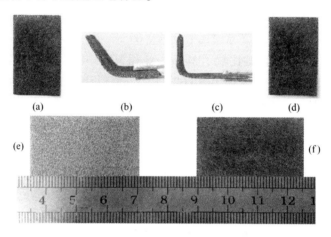

图 5.21　MoSe$_2$-石墨烯/Ni 电极柔韧性的检测图

（a），（f）为负载材料的泡沫镍；（b）弯曲 45°；（c）弯曲 90°；（d）恢复原状；（e）泡沫镍

　　MoSe$_2$-石墨烯/Ni 的 SEM 如图 5.22 所示。由于 MoSe$_2$ 和石墨烯的质量比不同，材料的表面结构也发生明显的变化。石墨烯的含量较多（即 MoSe$_2$：石墨烯 = 5：1，见图 5.22（a））时，MoSe$_2$ 自身的棒状结构维持原貌，褶皱的石墨烯包裹在其表面，但由于石墨烯的含量过多，在 MoSe$_2$ 表面堆叠，降低了材料的表面利用率。随着石墨烯含量的减少，石墨烯堆叠的量减少，而当 MoSe$_2$：石墨烯 = 8：1 时（见图 5.22（d）），MoSe$_2$ 表面的石墨烯不足以覆盖在其表面，使 MoSe$_2$ 裸露在外。只有在恰当的比例（即 MoSe$_2$：石墨烯 = 7：1，见图 5.22（c））时，石墨烯完好地包裹着 MoSe$_2$，且石墨烯的片层薄，形成多孔结构，有利于电解液的渗透和离子的转移，从而提高电化学性能。从 EDX 谱图（见图 5.22（e））中可以看出，所合成的材料中含有的主要元素为 Mo、Se、C 和 O，说明了 MoSe$_2$ 和石墨烯的有机结合，而少量的 O 元素来自未完全还原的氧化石墨。

　　MoSe$_2$-石墨烯系列材料的合成示意图如图 5.23 所示。从图 5.23 中可以看出，MoSe$_2$ 首先为片层任意堆叠的结构，当加入泡沫镍后，根据体系能量最低原理，MoSe$_2$ 直立地生长在泡沫镍上，与石墨烯复合后，石墨烯不仅包裹在 MoSe$_2$ 的表面，也覆盖在石墨烯的间隙，大大地提高了复合材料的比表面积和导电性能，从而提高复合材料 MoSe$_2$-石墨烯/Ni 的电化学性能。

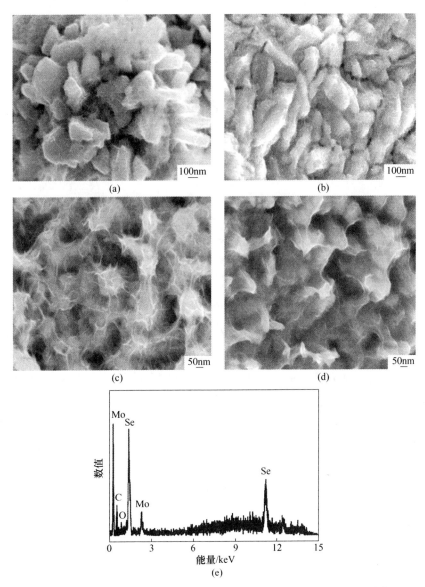

图 5.22 不同比例 $MoSe_2$：石墨烯/Ni 电极材料的 SEM 图和 EDX 图

（a）$MoSe_2$：石墨烯=5：1；（b）$MoSe_2$：石墨烯=6：1；（c）$MoSe_2$：

石墨烯=7：1；（d）$MoSe_2$：石墨烯=8：1；（e）EDX 图

图 5.24（a）和（b）所示分别为 $MoSe_2$-石墨烯的 XRD 图和 Raman 图。从图 5.24（a）中可以看出，各个衍射峰与标准卡相对应且吻合，说明材料的纯度较高。25.7°的宽峰表明片层石墨化碳的存在，（100）和（101）等尖峰归属于 $MoSe_2$，两种峰在同一谱图中出现，说明两单体的良好复合。同时，在 XRD 谱图

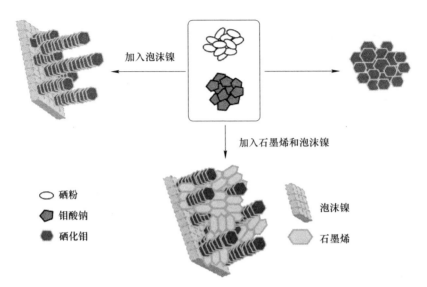

图 5.23　$MoSe_2$、$MoSe_2/Ni$、$MoSe_2$-石墨烯/Ni 材料的合成示意图

中也存在 Ni 的特征峰，证明了材料是在基底泡沫镍上复合的。Raman 谱图用来分析材料的结构组成，尤其是无机材料的组成。如图 5.24 （b） 所示，在波数为 242.8cm^{-1} 和 294.2cm^{-1} 位置，出现了 $MoSe_2$ 的特征拉曼谱 A_{1g} 和 E_{2g}^1，相比于块状和厚层的 $MoSe_2$，此拉曼峰发生了红移。由此可见，特征峰位置主要取决于材料片层的厚度，这是由于在薄片层的材料中，层间耦合减小，单层材料中的层间耦合消失。对于石墨烯，D 和 G 峰分别出现在 1352cm^{-1} 和 1593cm^{-1} 处，D 峰表明材料的边缘缺陷和无序性，G 峰则是指石墨烯晶格的同相振动。在所有比例的复合材料中，均具有较高的 I_D/I_G 比，说明材料的高密度缺陷和薄的石墨烯片层结构。这些性质都有利于制备高性能的超级电容器。

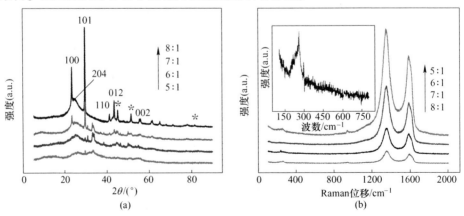

图 5.24　$MoSe_2$-石墨烯 /Ni 电极材料的 XRD （a） 和 Raman 谱 （b）

如图 5.25（a）所示，在扫描速度为 50mV/s、电压窗口为-0.2~0.8V、电解液为 6mol/L KOH 中，测得不同比例的 $MoSe_2$-石墨烯/Ni 电极的 CV 测试曲线。从图 5.25（a）中可以看出，各种材料的 CV 曲线都具有明显的氧化还原峰，是法拉第赝电容器的典型特征。通过比较 CV 曲线的积分面积，发现当 $MoSe_2$ 与石墨烯的质量比为 7：1 时，$MoSe_2$-石墨烯/Ni 复合材料的比电容最大。此结论在各个材料恒电流充放电测试图中也同样适用，表现为放电时间的增长（见图 5.25（c））。

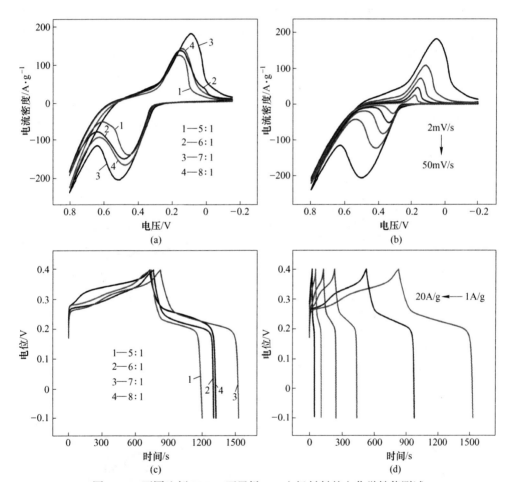

图 5.25　不同比例 $MoSe_2$-石墨烯/Ni 电极材料的电化学性能测试

（a）CV 曲线；（b）不同扫速下 $MoSe_2$-石墨烯/Ni（质量比为 7：1）的 CV 曲线；（c）GCD 曲线；
（d）不同电流密度下 $MoSe_2$-石墨烯/Ni（质量比为 7：1）的 GCD 曲线

图 5.25（b）所示为在不同的扫描速度下，$MoSe_2$-石墨烯/Ni 复合材料（质量比为 7：1）的 CV 曲线。随着扫描速度的增大，曲线的形状没有发生明显的变

化，说明在电解液/电极界面发生了快速的电子和离子转移。在图5.25（d）中，恒电流充放电曲线出现了明显的放电平台，这是法拉第赝电容器的另一特征。且随着电流密度的增大，充放电时间缩短，在电流密度为1A/g、1.5A/g、3A/g、5A/g、10A/g和20A/g时，对应的比电容为1422F/g、1359F/g、1302F/g、1192F/g、1040F/g和880F/g，比电容的下降趋势不明显。

为了更直观地比较各个比例材料比电容的大小，图5.26（a）所示为不同电流密度（从1A/g到20A/g）下，电极材料比电容的计算值。从图5.26（a）中可以看出，无论在何种电流密度下，$MoSe_2$-石墨烯/Ni（质量比为7∶1）的比电容均远大于其他电极材料。直立生长的$MoSe_2$和插层包覆的石墨烯，提高了材料的比表面积，促进了电子的传递和离子的转移，为氧化还原反应的发生提供了空间。

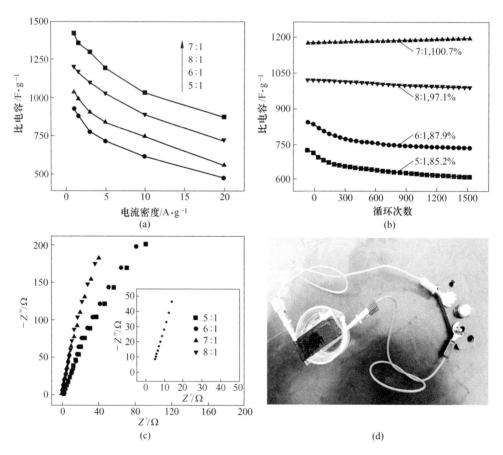

图5.26 不同比例$MoSe_2$-石墨烯/Ni电极材料的比电容与电流密度的关系曲线（a）、稳定性测试图（b）、交流阻抗谱（c）、点亮小灯泡实验装置图（d）

MoSe$_2$-石墨烯/Ni 的稳定性采用循环恒电流充放电测试进行了检测（见图 5.26（b）），结果表明，循环 1500 圈后，MoSe$_2$-石墨烯/Ni（质量比为 7∶1）的比电容维持在原来比电容的 100.7%，并没有衰减，说明材料的循环寿命长。其他材料的稳定性低于 100%，表明材料循环的过程中，微观结构发生了坍塌或孔道堵塞的变化。此外，还研究了 MoSe$_2$-石墨烯/Ni 材料的阻抗与电容性行为（见图 5.26（c））。在 Nyquist 谱图中，各个 MoSe$_2$-石墨烯/Ni 材料在高频区表现为小的半圆弧，而在低频区则表现为几乎垂直于 x 轴的线性关系，这说明了材料本身的内阻小，且电容行为好，是超级电容器理想电极材料应具备的特征。值得注意的是，MoSe$_2$-石墨烯/Ni（质量比为 7∶1）的阻抗与电容行为最好，表现为：（1）高频区半圆弧的直径最小，说明电子转移的内阻小；（2）低频区的线性关系更垂直于 x 轴，容性行为更好。

将 MoSe$_2$-石墨烯/Ni（质量比为 7∶1）材料在 5A/g 的电流密度下充电，然后点亮小灯泡，该材料能够维持小灯泡发光 70s 以上（见图 5.26（d））。这一事例证明了 MoSe$_2$-石墨烯/Ni 在电化学能量存储方面的应用潜力。

为了探索不同碳材料与 MoSe$_2$ 结合后的储能性能，Huang 课题组[42]还制备了 MoSe$_2$ 与乙炔黑（AB）的复合物。图 5.27（a）所示为 MoSe$_2$/Ni 电极材料的 SEM 图。表明 MoSe$_2$/Ni 具有褶皱的片层堆积结构；从 AB 的 SEM 图（见图 5.27（b））中可以看出 AB 的类椭圆形的结构；将两者在泡沫镍的指导作用下复合后，得到了网状的结构（见图 5.27（c））。复合材料中并没有明显地看到 AB 的存在，这可能是因为 AB 被覆盖在 MoSe$_2$ 下面，这个猜测在 TEM 中得到了证实（见图 5.27（d））。高分辨率的 TEM 图（见图 5.27（e））中看到了 MoSe$_2$ 晶格条纹以及 AB 的边缘。

图 5.28 所示为 MoSe$_2$-AB/Ni 材料的合成示意图。结果显示，调节 pH 值后，MoSe$_2$ 呈现花状的形貌，在 AB 的参与下，复合材料直立生长，MoSe$_2$ 包裹覆盖在 AB 上，形成了网状结构。在此合成步骤中，调节 pH 值的作用是控制 MoSe$_2$ 的生长取向，而 AB 的存在，起支撑作用，同时也调控了 MoSe$_2$ 的形貌。

|（a）|（b）|

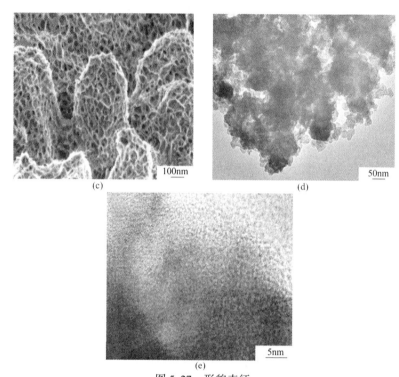

图 5.27　形貌表征

（a）MoSe$_2$/Ni 的 SEM 图；（b）AB 的 SEM 图；（c）MoSe$_2$-AB/Ni 的 SEM 图；
（d）MoSe$_2$-AB/Ni 的 TEM 图；（e）MoSe$_2$-AB/Ni 的高倍 TEM 图

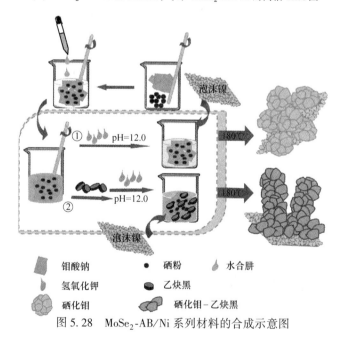

图 5.28　MoSe$_2$-AB/Ni 系列材料的合成示意图

由于材料的合成采用了柔性基底泡沫镍，在其辅助作用下，材料的结构形貌得到了很好的调控，电极的柔韧性也得到了提高。如图 5.29 所示，根据泡沫镍参与反应前后颜色的变化，可以说明材料成功地附着在泡沫镍的表面及其空隙。另外，该电极无论弯曲 45°或者弯曲 360°，恢复原状后，均没有发生明显的变化，说明电极的柔韧性好，方便压缩携带，可制备体积小的电容器。

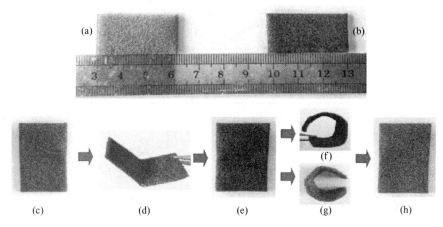

图 5.29　合成材料的柔韧性检测

（a）泡沫镍；（b），（c）负载材料的泡沫镍；（d）将其弯曲 45°；
（e）恢复原状；（f），（g）将其逆时针和顺时针弯曲 360°；（h）恢复原状

电化学性能测试主要是比较在有无泡沫镍的参与下 MoSe$_2$-AB 材料的性能。图 5.30（a）所示为在 50mV/s 的扫速速度下，MoSe$_2$-AB 和 MoSe$_2$-AB/Ni 的 CV 曲线。可以看出，该 CV 曲线具有明显的氧化还原峰，这是因为多价态的 Mo 元素发生了氧化还原反应，使得电极材料表现出法拉第赝电容的性质。图 5.30（b）是在不同扫描速度（20~100mV/s）下，MoSe$_2$-AB/Ni 的 CV 曲线，随着扫描速度的增大，CV 曲线氧化峰和还原峰的对称关系没有改变，曲线的形状也没有发生改变，说明材料良好的倍率性能。

为了进一步解释 MoSe$_2$-AB 和 MoSe$_2$-AB/Ni 电化学性能的机制，研究了电流与扫描速度之间的幂律关系，如下式所示：

$$I_p = av^b$$

式中　a，b——可变的常数；

　　　I_p——电流，mA；

　　　v——扫描速度，mV/s。

当 $b=1$ 时，表明电流受表面或者近表面的氧化还原反应速率控制；当 $b=0.5$ 时，意味着电流由扩散控制的电荷转移速率控制。图 5.30（c）所示为 $\log I_p$ 与 $\log v$ 的关系，以此来说明样品电荷转移的动力学机制。从图 5.30（c）中可以

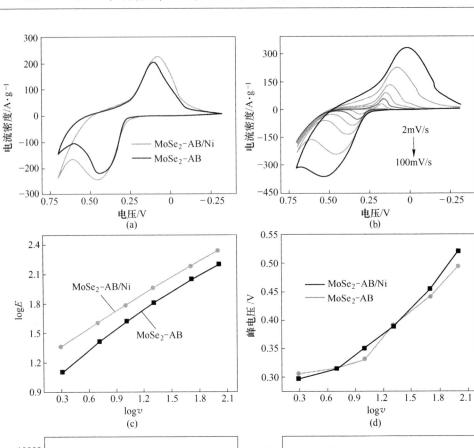

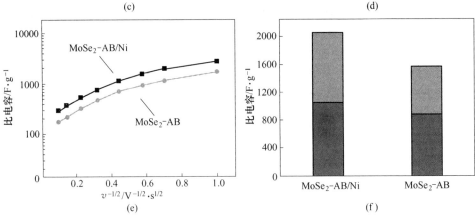

图 5.30   MoSe$_2$-AB 和 MoSe$_2$-AB/Ni 的循环伏安测试及相关结果分析

（a）MoSe$_2$-AB 和 MoSe$_2$-AB/Ni 的 CV 比较图；（b）MoSe$_2$-AB/Ni 在不同扫描速度下

的 CV 图；（c）～（f）MoSe$_2$-AB 和 MoSe$_2$-AB/Ni 中峰电流与扫描速度的关系曲线图、

峰位置与扫描速度的关系曲线图、比容量与扫描速度的关系图、近表面和远表面在电荷存储中的比例关系图

看出，斜率 b 的值为 0.65、0.59，意味着 MoSe$_2$-AB 和 MoSe$_2$-AB/Ni 的电荷转移
动力学分别是以表面控制和电荷扩散机制为主的。随着扫描速度的变化，峰电位

也发生了相应的位移，如图 5.30（d）所示，在两种材料中，峰电位没有发生明显的移动，说明反应的动力学速率较快，Ni 起到了促进电荷转移的作用。

究竟电荷存储的动力学是由表面控制还是扩散控制，这取决于 Trasatti 过程中近表面和外表面的电荷转移能力，分别表示为 q_i 和 q_o。在电解液和电极界面存储的总比电荷 q^* 包含近表面存储电荷和远表面存储电荷。因此电荷存储和扫描速度之间的关系可表示为：

$$q^* = q_\infty + k/v^{1/2}$$

当扫速 v 趋近于 ∞ 时，$q_\infty = q_o$，电荷仅存储在临近外表面的部分；相反地，当扫速 v 趋近于零时，$q_\infty = q_i + q_o$，电解液中的离子和电子有充足的时间在近表面和远表面转移。q_o 的值可以根据 $q^* - v^{1/2}$ 曲线外推得出，在不同的扫描速度下，计算电荷量的值如图 5.30（e）所示，可以求出 q_o 值。图 5.30（f）给出了 $MoSe_2$-AB 和 $MoSe_2$-AB/Ni 中内表面和外表面存储电荷的比例。

图 5.31（a）所示为 $MoSe_2$-AB 和 $MoSe_2$-AB/Ni 的恒电流充放电测试图，曲线对称但不呈线性，出现了明显的充放电平台，说明了材料良好的法拉第赝电容行为。在泡沫镍辅助的作用下，$MoSe_2$-AB 材料的充放电时间增长，比电容增大，此结果与 CV 曲线结果完全一致。这种性能的提升归因于泡沫镍的疏松多孔结构，指导了材料的有序合成，同时，也增大了材料的多孔性和电子电导率。图 5.31（b）所示为 $MoSe_2$-AB/Ni 在不同电流密度下的充放电曲线，比电容随着电流密度的增大而缓慢减小。电流密度从 1A/g 增加到 50A/g，比电容仅减小了 37%（从 2020F/g 减小到 1270F/g），这主要是由于在低电流密度下，电荷转移的时间充裕，当快速充放电时，电荷来不及转移，即电荷存储的动力学机制中有扩散控制的成分。

在实际的应用中，电极需要有快速充电、慢速放电的能力。如图 5.31（c）所示，$MoSe_2$-AB/Ni 的放电时间远长于 $MoSe_2$-AB，计算得到比电容为 1838F/g，是 $MoSe_2$-AB 比电容的 1.4 倍。表明了 $MoSe_2$-AB/Ni 在实际应用中的潜力巨大。

$MoSe_2$-AB 和 $MoSe_2$-AB/Ni 电极的稳定性是决定超级电容器寿命的关键因素，通过循环充放电测试，循环 1500 圈之后，$MoSe_2$-AB/Ni 的比电容增大，稳定性高达 107.5%（见图 5.31（d）），而 $MoSe_2$-AB 的稳定性略有下降。

2018 年，Zhai 等人以泡沫镍为基底，通过原位生长的方法，成功制备出具有大比表面积的 Co_9Se_8/CdSe 柔性纳米复合材料（见图 5.32）[43]，并用来组建水系电池-电容器混合装置。该电极材料的棒状结构和泡沫镍独特的三维结构能有效增加电极材料和电解液的接触面积，缩短电子的传输距离，有效降低传质阻力。Co_9Se_8 与 CdSe 之间的共轭效应能够进一步提升电极材料的比容量和循环稳定性。实验表明，Co_9Se_8/CdSe 柔性电极材料在 1A/g 电流密度下，展现出 1382F/g 的比电容，当电流密度增加到 20A/g 时，仍能获得 893F/g 的比电容。

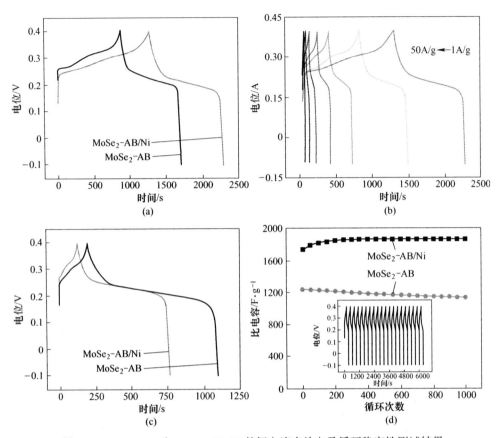

图 5.31   MoSe$_2$-AB 和 MoSe$_2$-AB/Ni 的恒电流充放电及循环稳定性测试结果

（a）MoSe$_2$-AB 和 MoSe$_2$-AB/Ni 恒电流充放电测试图；（b）MoSe$_2$-AB/Ni 在不同电流度下的

恒电流充放电曲线；（c），（d）MoSe$_2$-AB 和 MoSe$_2$-AB/Ni 的快速充电及慢速放电测试、稳定性测试图

此外，电极材料的循环稳定性同样得到了保证，在 2A/g 电流密度下，经过 1000 圈的循环，95.3% 的初始容量可以被保留下来。该电池-电容器混合装置表现出较高的能量密度（68W·h/kg）和功率密度（1.2kW/kg），为实际应用提供了保障。

5.5.3   过渡金属碲化物纳米材料在超级电容器中的应用

2014 年，Patil 等人成功制备出 La$_2$Te$_3$ 超级电容器负极材料[44]，在 -1.3~ -0.3V 的电压范围内，该电极材料表现出法拉第赝电容的储能机制。在 1mV/s 的扫描速度下，电极材料展示出 455F/g 的比电容。在 50mV/s 的扫描速度下，经过 1000 圈的循环性能测试，74% 的初始容量得以保留下来。此外，La$_2$Te$_3$ 被进一步用于组装非对称超级电容器，在 2.5kW/kg 的功率密度下，非对称超级电

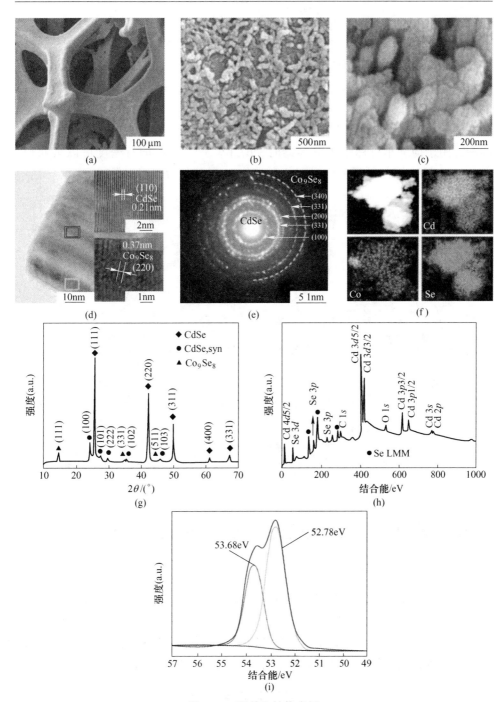

图 5.32 形貌和结构表征

（a）~（c）SEM 图；（d）TEM 图；（e）选区电子衍射图；（f）MAPPING 图；

（g）XRD 图；（h）XPS 图；（i）Se 3d XPS 能谱图

容器展示出 126W·h/kg 的能量密度。

2018 年，Ye 等人通过水热方法成功制备出 CoTe 柔性电极材料（见图 5.33)[45]，并将之用于组建非对称超级电容器。在 1A/g 电流密度下，CoTe 电极材料的比电容为 622.8F/g，当电流密度增加到 20A/g 时，仍能表现出 533.4F/g 的比电容。此外，在 1A/g 电流密度下，经过 2000 圈的充-放电循环测试，85% 的初始容量依旧能够被保存下来。当采用活性炭作为负极材料用于和 CoTe 进行匹配，用于构筑非对称超级电容器时，67.0W·h/kg 的能量密度可以被获得，并且经过 3000 圈的循环测试（1A/g），80.7%的初始容量得以保留。

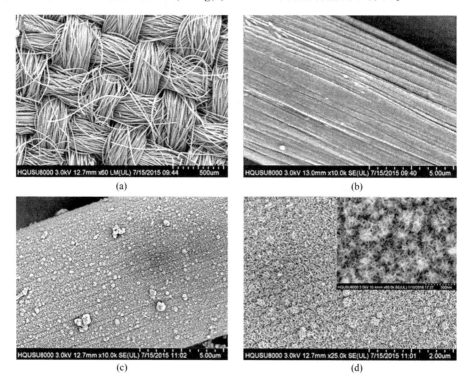

图 5.33 CoTe 在不同放大倍数下的 SEM 图

过渡金属硫族化合物以其优异的电化学性能、低廉的生产成本以及简单易行的合成途径，在超级电容器中得到了广泛的应用[46~50]。然而，由于过渡金属硫化物自身材料的限制，比如导电性相对较差的问题，依然无法满足人们当前的社会需求，如何进一步提升材料的能量密度，仍然需要我们不断的探索。

参 考 文 献

[1] 张苗苗，刘旭燕，钱炜. 聚吡咯电极材料在超级电容器中的研究进展 [J]. 材料导报，2018，32（3）：378~383.

[2] 黄晓斌, 张熊, 韦统振, 等. 超级电容器的发展及应用现状 [J]. 电工电能新技术, 2017, 36 (11): 63~70.

[3] Kötz R, Carlen M, Principles and applications of electrochemical capacitors [J]. Electrochimica Acta, 2000, 45 (15~16): 2483~2498.

[4] 吴旭冉, 贾志军, 马洪运, 等. 电化学基础 (Ⅲ) ——双电层模型及其发展 [J]. 储能科学与技术, 2013, 2 (2): 152~156.

[5] 曲群婷. 高性能混合型超级电容器的研究 [D]. 上海: 复旦大学, 2010.

[6] Zuo W H, Li R Z, Zhou C, et al. Battery-supercapacitor hybrid devices: recent progress and future prospects [J]. Advanced Science, 2017, 4 (7): 1600539.

[7] 郑丽萍, 王先友, 李娜, 等. 碳纳米管的修饰及其在超级电容器中的应用 [J]. 化学通报, 2009 (8): 720~727.

[8] Zhang Y, Feng H, Wu X, et al. Progress of electrochemical capacitor electrode materials: a review [J]. International Journal of Hydrogen Energy, 2009, 34 (11): 4889~4899.

[9] Oh S M, Kim K B. Synthesis of a new mesoporous carbon and its application to electrochemical double-layer capacitors [J]. Chemical Communications, 1999 (21): 2177~2178.

[10] Tay T, Ucar S, Karagöz S. Preparation and characterization of activated carbon from waste biomass [J]. Journal of Hazardous Materials, 2009, 165 (1): 481~485.

[11] Niu Z Q, Zhou W Y, Chen J, et al. Compact-designed supercapacitors using free-standing single-walled carbon nanotube films [J]. Energy & Environmental Science, 2011, 4 (4): 1440~1446.

[12] Jiang Q, Qu M Z, Zhou G M, et al. A study of activated carbon nanotubes as electrochemical super capacitors electrode materials [J]. Materials Letters, 2002, 57 (4): 988~991.

[13] Yoon B J, Jeong S H, Lee K H, et al. Electrical properties of electrical double layer capacitors with integrated carbon nanotube electrodes [J]. Chemical Physics Letters, 2004, 388 (1): 170~174.

[14] Lu W, Qu L, Henry K, et al. High performance electrochemical capacitors from aligned carbon nanotube electrodes and ionic liquid electrolytes [J]. Journal of Power Sources, 2009, 189 (2): 1270~1277.

[15] Hsu Y K, Chen Y C, Lin Y G, et al. High-cell-voltage supercapacitor of carbon nanotube/carbon cloth operating in neutral aqueous solution [J]. Journal of Materials Chemistry, 2012, 22 (8): 3383~3387.

[16] Novoselov K S, Geim A K, Morozov S V, et al. Electric field effect in atomically thin carbon films [J]. Science, 2004, 306 (5696): 666~669.

[17] Geim A K, Novoselov K S. The rise of graphene [J]. Nature Materials, 2007, 6 (3): 183~191.

[18] Zhu Y, Murali S, Cai W, et al. Graphene and graphene oxide: synthesis, properties, and applications [J]. Advanced Materials, 2010, 22 (35): 3906~3924.

[19] Stoller M D, Park S, Zhu Y, et al. Graphene-based ultracapacitors [J]. Nano Letters, 2008,

8 (10): 3498~3502.

[20] Ren B, Fan M, Liu Q, et al. Hollow NiO nanofibers modified by citric acid and the performances as supercapacitor electrode [J]. Electrochimica Acta, 2013, 92: 197~204.

[21] Zhang X, Yu P, Zhang H, et al. Rapid hydrothermal synthesis of hierarchical nanostructures assembled from ultrathin birnessite-type MnO_2 nanosheets for supercapacitor applications [J]. Electrochimica Acta, 2013, 89: 523~529.

[22] Shen L, Yu L, Yu X Y, et al. Self-templated formation of uniform $NiCo_2O_4$ hollow spheres with complex interior structures for lithium-ion batteries and supercapacitors [J]. Angewandte Chemie International Edition, 2015, 54 (6): 1868~1872.

[23] Li Q, Wang Z L, Li G R, et al. Design and synthesis of $MnO_2/Mn/MnO_2$ sandwich-structured nanotube arrays with high supercapacitive performance for electrochemical energy storage [J]. Nano letters, 2012, 12 (7): 3803~3807.

[24] Naoi K, Naoi W, Aoyagi S, et al. New generation "nanohybrid supercapacitor" [J]. Accounts of Chemical Research, 2012, 46 (5): 1075~1083.

[25] Chen W, Rakhi R B, Alshareef H N. Facile synthesis of polyaniline nanotubes using reactive oxide templates for high energy density pseudocapacitors [J]. Journal of Materials Chemistry A, 2013, 1 (10): 3315~3324.

[26] Yu M, Zeng Y, Zhang C, et al. Titanium dioxide@ polypyrrole core–shell nanowires for all solid-state flexible supercapacitors [J]. Nanoscale, 2013, 5 (22): 10806~10810.

[27] Fan Z, Yan J, Wei T, et al. Asymmetric supercapacitors based on graphene/MnO_2 and activated carbon nanofiber electrodes with high power and energy density [J]. Advanced Functional Materials, 2011, 21 (12): 2366~2375.

[28] 毛定文, 田艳红. 超级电容器用聚苯胺/活性炭复合材料 [J]. 电源技术, 2007, 31 (8): 614~616.

[29] 丛文博, 张宝宏, 喻应霞. 聚苯胺修饰碳电极电容性能研究 [J]. 哈尔滨工程大学学报, 2004, 25 (6): 809~813.

[30] Muthulakshmi B, Kalpana D, Pitchumani S, et al. Electrochemical deposition of polypyrrole for symmetric supercapacitors [J]. Journal of Power Sources, 2006, 158 (2): 1533~1537.

[31] Kim J H, Lee Y S, Sharma A K, et al. Polypyrrole/carbon composite electrode for high-power electrochemical capacitors [J]. Electrochimica Acta, 2006, 52 (4): 1727~1732.

[32] Selvakumar M, Bhat D. Activated carbon-polyethylenedioxythiophene composite electrodes for symmetrical supercapacitors [J]. Journal of Applied Polymer Science, 2008, 107 (4): 2165~2170.

[33] 徐晶. MS_2 (M=Mo, W) 硫化物复合材料的制备及其性能研究 [D]. 镇江: 江苏大学, 2016.

[34] Huang K J, Wang L, Liu Y J, et al. Layered MoS_2-graphene composites for supercapacitor applications with enhanced capacitive performance [J]. International Journal of Hydrogen Energy, 2013, 38 (32): 14027~14034.

［35］ Huang K J, Wang L, Liu Y J, et al. Synthesis of polyaniline/2-dimensional graphene analog MoS$_2$ composites for high-performance supercapacitor ［J］. Electrochimica Acta, 2013, 109: 587~594.

［36］ Huang K J, Wang L, Zhang J Z, et al. One-step preparation of layered molybdenum disulfide/multi-walled carbon nanotube composites for enhanced performance supercapacitor ［J］. Energy, 2014, 67: 234~240.

［37］ Huang K J, Zhang J Z, Shi G W, et al. Hydrothermal synthesis of molybdenum disulfide nanosheets as supercapacitors electrode material ［J］. Electrochimica Acta, 2014, 132: 397~403.

［38］ Feng J, Sun X, Wu C Z, et al. Metallic few-layered VS$_2$ ultrathin nanosheets: high two-dimensional conductivity for in-plane supercapacitors ［J］. Journal of the American Chemical Society, 2011, 133 (44): 17832~17838.

［39］ Geng X M, Zhang Y L, Han Y, et al. Two-dimensional water-coupled metallic MoS$_2$ with nanochannels for ultrafast supercapacitors ［J］. Nano Letters, 2017, 17 (3): 1825~1832.

［40］ Huang K J, Zhang J Z, Fan Y. Preparation of layered MoSe$_2$ nanosheets on Ni-foam substrate with enhanced supercapacitor performance ［J］. Materials Letters, 2015, 152: 244~247.

［41］ Huang K J, Zhang J Z, Cai J L, Preparation of porous layered molybdenum selenide-graphene composites on Ni foam for high-performance supercapacitor and electrochemical sensing ［J］. Electrochimica Acta, 2015, 180: 770~777.

［42］ Liu X, Zhang J Z, Huang K J, et al. Net-like molybdenum selenide – acetylene black supported on Ni foam for high-performance supercapacitor electrodes and hydrogen evolution reaction ［J］. Chemical Engineering Journal, 2016, 302: 437~445.

［43］ Zhai Z B, Huang K J, Wu X. Superior mixed Co-Cd selenide nanorods for high performance alkaline battery-supercapacitor hybrid energy storage ［J］. Nano Energy, 2018, 47: 89~95.

［44］ Patil S J, Patil B H, Bulakhe R N, et al. Electrochemical performance of a portable asymmetric supercapacitor device based on cinnamon-like La$_2$Te$_3$ prepared by a chemical synthesis route ［J］. RSC Advances, 2014, 4 (99): 56332~56341.

［45］ Ye B R, Gao C, Huang M L, et al. Improved performance of a CoTe//AC asymmetric supercapacitor using a redox additive aqueous electrolyte ［J］. RSC Advances, 2018, 8 (15): 7997~8006.

［46］ Zhang W J, Huang K J. A review of recent progress in molybdenum disulfide-based supercapacitors and batteries ［J］. Inorg. Chem. Front. , 2017, 4: 1602~1620.

［47］ Gao Y P, Huang K J. NiCo$_2$S$_4$ materials for supercapacitor applications ［J］. Chemistry-An AsianJournal, 2017, 12: 1969~1984.

［48］ Gao Y P, Wu X, Huang K J, et al. Two-dimensional transition metal diseleniums for energy storage application: a review of recent developments ［J］. Cryst-Eng-Comm. , 2017, 19: 404~418.

［49］ Huang K J, Zhang J Z, Jia Y L, et al. Acetylene black incorporated layered copper sulfide nanosheets for high-performance supercapacitor [J]. Journal of Alloys and Compounds, 2015, 641: 119~126.

[50] Huang K J, Zhang J Z, Fan Y. One-step solvothermal synthesis of different morphologies CuS nanosheets compared as supercapacitor electrode materials [J]. Journal of Alloys and Compounds, 2015, 625: 158~163.

6 二维过渡金属二硫属化合物纳米结构在电化学催化中的应用

6.1 电化学催化的研究背景

随着全球人口的增长和经济的不断发展，能源的需求日益增加，在目前的能源结构中，石油、煤炭和天然气等化石燃料仍旧是最主要的能源。美国能源信息署在 2016 年发布的国际能源报告（IEO2016）中指出，在化石燃料的消费中，石油占据份额最大，天然气的份额日益增大，预计会在 2030 年超过煤炭，而煤炭的消耗逐渐趋于稳定。根据相关数据，科学家们估计，全球石油只能开采 46 年，天然气储存量仅能维持 30 多年，而污染最为严重的煤炭，大约可以开采 110 年。伴随着化石燃料的不断消耗、过度的开采以及产生的废渣和废气也对环境产生了严重破坏，导致全球沙漠化加剧、气候变暖、冰川融化、海平面上升、大气污染等，对人类的可持续发展构成了极大威胁。降低化石燃料的利用，开发利用清洁可再生能源显得刻不容缓[1]。

氢是宇宙中分布最广泛的物质，氢能是氢在物理化学变化过程中释放的能量，被视为 21 世纪最具发展潜力的一种二次能源[2]。氢能利用的主要产物是水，而水还可继续循环制氢，所以与传统化石燃料相比，氢能具有清洁、无污染、可循环的巨大优势。氢在地球上主要以化合物的形态存在于水中，而水是地球上最广泛的物质，海水中氢能产生的热量比地球上化石燃料放出的热量总和还要大近 1 万倍[3]。因此，发展利用氢能在未来可持续发展战略中具有不可替代的地位。

但在自然界中，氢易与氧结合生成水，如果想利用氢能源，工业化的大规模制氢是关键。随着新能源产业的快速发展，太阳能、风能等清洁能源发电成本逐步降低，规模化应用得到普及，开始在世界各国的电力市场中发挥越来越重要的作用。但新能源发电存在间歇性和不稳定性的问题，同时弃电现象严重，如何高效利用新能源发电也是一个重要问题[4]。利用电分解水制氢，将新能源以氢能的方式存储起来进行运输和利用是一个很好的方法[5]。

目前阻碍电化学分解水制氢的一个关键因素是电催化析氢催化剂。以铂为代表的贵金属依然是性能最好的电催化剂，但其地球储量低、价格较高，严重阻碍了其大规模应用[4]。因此，开发地球储量丰富、价格低廉、催化活性高、性能稳定的电化学催化析氢材料具有非常重要的科学和实际意义。

6.2 电催化分解水制氢机理

电催化分解水包括两个半反应，在直流电压作用下，在阴极上，电解液中的 H^+ 发生还原反应生成 H_2（HER），在阳极上，电解液中的 OH^- 发生氧化反应生成氧气（OER），总反应为：

$$2H_2O \longrightarrow 2H_2 + O_2 \tag{6.1}$$

在酸性电解液中，电解水的两个半反应分别为：

（1）阴极反应： $4H^+ + 4e \longrightarrow 2H_2$ $\tag{6.2}$

（2）阳极反应： $2H_2O - 4e \longrightarrow 4H^+ + O_2$ $\tag{6.3}$

其中，阴极的析氢反应机理为[6]：

$$M + H_3O^+ + e \longrightarrow M\text{-}H_{ads} + H_2O \quad （Volmer 反应）$$
$$\tag{6.4}$$

$$M - H_{ads} + H_3O^+ + e \longrightarrow H_2 + M + H_2O \quad （Heyrovsky 反应）$$
$$\tag{6.5}$$

或 $M - H_{ads} + M - H_{ads} \longrightarrow M + H_2$ （Tafel 反应） $\tag{6.6}$

式中　M——阴极催化剂的金属原子；

H_{ads}——吸附氢离子。

在碱性电解液中，电解水的两个半反应分别为：

（1）阴极反应： $4H_2O + 4e \longrightarrow 2H_2 + 4OH^-$ $\tag{6.7}$

（2）阳极反应： $4OH^- - 4e \longrightarrow 2H_2O + O_2$ $\tag{6.8}$

其中，阴极的析氢反应机理为[7,8]：

$$M + H_2O + e \longrightarrow M - H_{ads} + OH^- \quad （Volmer 反应）$$
$$\tag{6.9}$$

$$M - H_{ads} + H_2O + e \longrightarrow H_2 + M + OH^- \quad （Heyrovsky 反应）$$
$$\tag{6.10}$$

或 $M - H_{ads} + M - H_{ads} \longrightarrow M + H_2$ （Tafel 反应） $\tag{6.11}$

在中性电解液中，比如在 Na_2SO_4 溶液中，电解水的两个半反应分别为：

（1）阴极反应： $4H^+ + 4e \longrightarrow 2H_2$ $\tag{6.12}$

（2）阳极反应： $4OH^- - 4e \longrightarrow 2H_2O + O_2$ $\tag{6.13}$

而阴极的析氢反应机理与碱性电解液中一致[9]。

由以上反应过程可以看出，对于析氢反应过程中，不论何种电解液，首先均会发生 Volmer 反应，即催化剂表面活性位点上的 H_3O^+（或 H_2O）得到电子，发生还原反应，在电极表面生成吸附氢离子（H_{ads}）。随后，吸附氢离子（H_{ads}）

可以通过两种方式发生脱附，生成氢气分子（H_2）。第一种为基于电化学过程的 Heyrovsky 反应，一个 H_3O^+（或 H_2O）在 H_{ads} 的位置上得到一个电子，生成 H_2，并从电极表面上脱附下来。第二种为基于复合过程的 Tafel 反应，由催化剂活性位点上的两个 H_{ads} 直接复合而生成 H_2，并从电极表面上脱附下来。一般而言，氢析出反应过程都会发生 Volmer 反应，根据 H_{ads} 脱附方式的不同，分为 Volmer-Heyrovsky 反应机理以及 Volmer-Tafel 反应机理两种[10]。

在标准状态（STP）下，不论电解液的酸碱性，电解水反应（式（6.1））的吉布斯（Gibbs）自由能变化（$\Delta G^{\ominus}$）均为 237.2kJ/mol，该过程所需要的热力学电压（$\Delta E_{rev}^{\ominus}$）为 1.23V，$\Delta E_{rev}^{\ominus}$ 会随着电解槽温度的升高而逐渐减小[11]。反应发生时的热力学平衡电位由能斯特（Nernst）电位描述，以标准可逆氢电极（RHE）为参考时，析氢反应的能斯特电位为：

$$E^{\ominus} = 0V \tag{6.14}$$

在应用中，为了克服反应势垒，通常需要额外的电压来驱动析氢反应的发生[12]。因为存在溶液电阻和接触电阻引起的欧姆电位降（jR），析氢反应所需要的实际电位为：

$$E = E^{\ominus} + jR + \eta \tag{6.15}$$

式中 η——反应过电位，指的是实际电位与平衡电位的电势差。

在同样的电流密度下，η 越小意味着水分解的能量效率越高[13]。η 的大小主要由催化剂自身的性质和电极的有效活性面积决定，理想的析氢催化剂在反应中所需要的过电位一般不超过 100mV[14]。电解过程中会产生大量的气泡，H_2 气泡能否快速有效地脱离电极表面也会对过电位产生影响[12]。

过电位 η 的大小与对应的电流密度间的定量关系由塔菲尔（Tafel）公式表示：

$$\eta = a + b\lg j \quad 或 \quad \eta = b\lg(j/j_0) \tag{6.16}$$

式中 η——电极的超电势，V；

j——电流密度，A/cm^2；

j_0——交换电流密度，A/cm^2，代表着电极在平衡电位下的反应速率；

a——常数，与阴极催化剂材料本身的特性有关；

b——Tafel 斜率（V/dec），与阴极催化剂材料本身的特性有关，Tafel 斜率表示电流密度增大或减少 10 倍时电极过电位的变化。

析氢反应的动力学过程由最慢的反应步骤决定，该步骤控制着析氢反应速率，并反映催化剂的活性[15]。在对电极材料的研究中，不同的催化析氢机理一般用 Tafel 斜率 b 的值来区分[16,17]。

如果反应过程为 Volmer-Heyrovsky 机制，即电化学还原过程（Volmer）为快速反应步骤，电化学脱附过程（Heyrovsky）为决速步骤，则：

$$b = 2.3RT/(\alpha F) \approx 40 \tag{6.17}$$

式中　　R——理想气体常数，8.314J/(mol·K)；

　　　　T——常温，298 K；

　　　　F——法拉第常数，96485.3 C/mol；

　　　　α——对称系数，0.5。

　　如果反应过程为 Volmer-Tafel 机制，即电化学还原过程（Volmer）为快速反应步骤，复合脱附过程（Tafel）为决速步骤，则：

$$b = 2.3RT/(\alpha F) \approx 30 \tag{6.18}$$

　　如果电化学还原过程（Volmer）较慢，则第二步无论是 Volmer 还是 Tafel 过程，其对整个析氢过程的影响均极其微弱，电化学还原过程（Volmer）为决速步骤，则：

$$b = 2.3RT/(\alpha F) \approx 120 \tag{6.19}$$

　　实验中，对贵金属 Pt 电极进行电化学性能测试，实验结果表明在较低的过电位条件下，Pt 电极的塔菲尔斜率约为 30mV/dec，其析氢反应为 Volmer-Tafel 机制，与理论预测相一致[14]。

　　在析氢反应过程中，电化学还原过程（Volmer）是必经的步骤，在此过程中，催化剂活性位点上形成吸附氢。理论和实验均表明析氢电催化剂的活性与其表面氢吸附的吉布斯自由能（ΔG_H）有关[13]。Volcano 关系图（见图 6.1）显示了不同催化剂材料交换电流密度（j_0）和氢吸附吉布斯自由能（ΔG_H）之间的关系，其 j_0-ΔG_H 的关系曲线为火山状[18]。从图 6.1 中也看出，处于"火山顶"的 Pt 及其合金性能是目前最高效的电催化析氢材料，其具有最大的交换电流密度和接近于零的氢原子吸附能；位于铂族金属左侧的金属对氢原子的吸附能较弱，ΔG_H 小于零，氢原子不能有效地吸附在活性位点上，影响放电反应速率；位于铂族金属右侧的金属对氢原子的吸附能较强，ΔG_H 大于零，氢原子易于吸附在活性

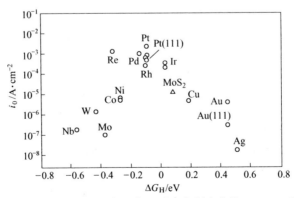

图 6.1　析氢电催化剂材料氢吸附吉布斯自由能（ΔG_H）和

交换电流密度 j_0 的 Volcano 关系图

位点上，形成较强的金属—氢键，使得电化学脱附反应或复合反应难以进行。理想的析氢电催化剂的 ΔG_H 应在零附近，与贵金属 Pt 类似，对氢原子的束缚能必须适中，既不能太大，也不能太小，这也符合萨巴蒂尔（Sabatier）原则[14]。

常见的析氢电催化剂的组成元素如图 6.2 所示，大致可以分为三类。第一类，贵金属 Pt，目前最高效的电催化析氢材料，但其地壳中丰度低，极大限制了其在工业领域的应用。第二类，非金属元素如 B、C、N、P、S 和 Se，主要用来构建无机非金属析氢电催化剂。第三类，过渡金属如 Fe、Co、Ni、Cu、Mo 和 W，主要用来构建非贵金属析氢电催化剂。同时，第二类和第三类元素还可以构成合金、过渡金属硫属化合物、硼化物、氮化物、碳化物、磷化物等，在高效稳定的电催化析氢方面也有较大应用潜力。为了促进电解水析氢产业，必须对基于第二、第三类以及其组成的化合物的非贵金属析氢电催化材料进行深入研究。

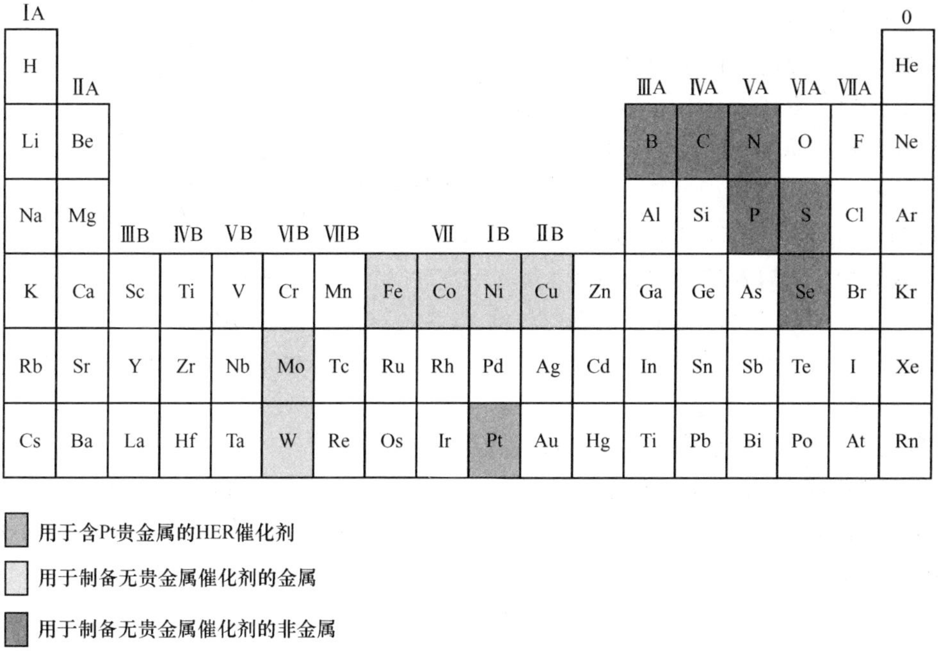

图 6.2 元素周期表中用来构造高效析氢电催化剂的主要元素[12]

6.3 二维过渡金属二硫属化合物纳米结构在电化学析氢中的应用

6.3.1 MoS₂ 电催化析氢性能的发现

金属硫化物中可用于催化析氢反应的化合物有很多种，最典型的、研究最深入的是 MoS_2 材料。MoS_2 被应用到电化学析氢中的研究可追溯到 20 世纪 70 年代，在 1977 年，Tributsch 等人就对 MoS_2 晶体进行了测试，结果表明体相块状 MoS_2 的电催化析氢能力很差[19]，所以相关的研究进展十分缓慢。近年来，纳米技术在材料科学方面取得了巨大进步，也使得过渡金属硫化物成为了极具潜力的廉价高效析氢电催化剂材料[20]。

在自然界中，某些植物的固氮产氢酶能够在固氮的同时催化产生氢气，这些生物酶通常都含有 Fe、Ni、Mo 和 S 等元素，所以它们的活性位点被认为是其中的过渡金属硫化物[13]。以此为启发，2005 年，Jens K. Nørskov 以氢化酶和固氮酶的 Fe-Mo-S 活性位点作为研究对象，通过密度泛函理论（DFT）计算金属表面的氢吸附吉布斯自由能 ΔG_H。他们发现这两种酶的活性中心在其分子构型赤道中的硫配体上，氢原子只有在这三个赤道硫配体上才能够发生自发的吸附过程（$\Delta G_H < 0$），且计算得到的 ΔG_H 趋近于零，和 Pt 相近，从理论上证实了析氢催化过程只能在该位置发生。以这两种酶的结构为原型，他们发现 $2H-MoS_2$ 的远缘结构具有和固氮酶活性位点相似的结构，通过 DFT 计算得到该处的 ΔG_H 只有 0.08eV，与 Pt、固氮酶和氢化酶表现类似，如图 6.3 所示，具有析氢活性。从而，在理论上证实了在外加电压下，MoS_2 具有优异的电催化析

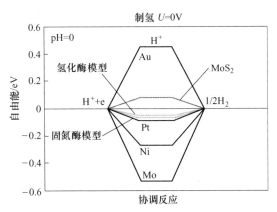

图 6.3　几种金属表面的氢吸附吉布斯自由能

氢能力，且活性位点在 MoS_2 的边缘不饱和 S 原子上[21]。

2007 年，Chorkendorff 课题组在 Au（111）表面制备了 MoS_2 纳米颗粒，扫描隧道显微镜 STM 图像分析和电化学测试结果相关数据处理如图 6.4 所示，表明电极的交换电流密度与 MoS_2 边缘长度正相关，而与纳米颗粒的覆盖面积无关[22]。该工作在实验上直接证明了 MoS_2 的析氢活性位点在层状结构的边缘，为人们进一步提升 MoS_2 的电催化析氢性能指出了方向。

6.3.2　提高二维过渡金属二硫化物电催化析氢性能的研究进展

目前，增加活性位点数目和提高材料的导电性是研究人员调控二维过渡金属二硫化物电催化析氢性能的两种主要策略。本小节将主要以基于 Mo 和 W 的二硫化物为例，总结二维过渡金属硫化物电催化剂的研究进展，探讨调控其性能的方法。

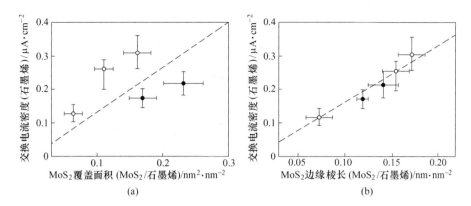

图 6.4 交换电流密度与 MoS_2 覆盖面积（a）和 MoS_2 边缘长度（b）的关系图[22]

6.3.2.1 活性位点数的调控

调控活性位点数目的方法，通常有暴露片层边缘位点、缺陷调节、惰性晶面的活化、非晶态的构建等。

对于 MoS_2 和 WS_2 的 2H 相，其析氢活性位点位于片层边缘，通过材料结构设计可以暴露出大量的边缘位点，提高其电催化性能[15]。2012 年，Thomas F. Jaramillo 课题组以双螺旋 SiO_2 为模板，利用电化学沉积和高温硫化过程，制备了高度有序的 MoS_2 双螺旋介孔网状结构，具有很高的比表面积。该材料的独特结构使其暴露出大量的边缘位点，表现出了高效的电催化析氢性能，其析氢过电位为 $150\sim200mV$，塔菲尔斜率为 $50mV/dec$[23]。2014 年，Dai Hongjie 课题组利用高温溶剂热的方法制备了 WS_2 超薄纳米片（见图 6.5），该纳米片主要是独立的单层结构，从而暴露出大量的边缘位点。在酸性体系中，其析氢过电位约为 $100mV$，塔菲尔斜率为 $48mV/dec$，并且具有良好的电催化稳定性[24]。2014 年，James M. Tour 团队通过碱金属处理的方法，将 WS_2 纳米管解链转化为 WS_2 纳米带，纳米带结构具有更大的比表面积，能够暴露出更多的活性位点，提高其催化析氢性能[25]。

硫属化物的取向生长制备，也可以得到大量的活性位点。2013 年，崔屹课题组以 SiO_2 为基底，利用电子束蒸发过程，首先在基底上沉积了 5nm 厚的 Mo 薄膜，后通过高温硫/硒化过程，利用 S/Se 蒸气在 MoS_2 层内与层间的扩散速度差，将其转化为 $MoS_2/MoSe_2$ 纳米阵列，如图 6.6（a）～（c）所示，得到了丰富的边缘活性位点，表现出了高的电催化析氢性能[26]。2015 年，如图 6.6（d）所示，Xiang Bin 团队利用 N 型单晶硅作为基底，利用 CVD 方法，构建了有序垂直的单原子层 MoS_2 纳米带结构，从而得到了大量边缘活性位点的暴露，展现出高的电催化析氢活性。如图 6.6（e）所示，其析氢过电位为 $170mV$，塔菲尔斜率

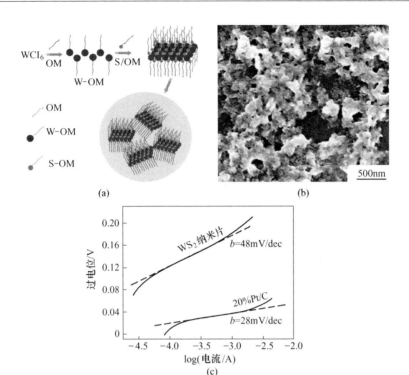

图 6.5　WS₂超薄纳米片合成路径示意图（a）、

扫描电镜（SEM）图像（b）和塔菲尔曲线（c）[24]

为 70mV/dec[27]。此外，构建分层多级结构也可以使大量的边缘活性位点暴露。如图 6.6（f）所示，冯新亮课题组采用热处理方法合成 MoS₂ 和 WS₂ 的分级纳米片结构。该结构是由厚度为 3~12nm、长度为 50~80nm 的纳米片组成，比表面积高，具有大量的片层边缘位点，显示出了高的电催化析氢特性[28]。

对于金属硫化物的片层结构，片层结构中的缺陷位点也处于不饱和配位状态，与边缘位点具有较大相似性，也具有电催化析氢性能[12]，构建富含缺陷的硫属化合物片层结构也是增加活性位点、提高其电催化活性的方法。2013 年，Xie 课题组通过调控水热过程中前驱物的浓度，实现了 MoS₂ 超薄纳米片表面的缺陷调控，如图 6.7（a）~（c）所示[29]。当加入过量的硫脲时，可得到富含缺陷的 MoS₂ 超薄纳米片结构。该材料的析氢过电位为 120mV，塔菲尔斜率为 50mV/dec，远优于无缺陷结构。Ajayan 课题组用氧等离子体轰击和 H₂ 氛围退火的方法，在单层 MoS₂ 中引入了高密度的缺陷，提高了单层 MoS₂ 的电催化性能[30]。在另一个工作中，Cha 课题组对 1nm 厚的 Mo/W 金属层进行硫化处理，得到了 MoS₂/WS₂ 的堆叠异质结结构，如图 6.7（d）~（g）所示。这种结构是由多晶薄膜组成，虽然有较少的片层边缘位点暴露，但是该异质结薄膜仍显示出了

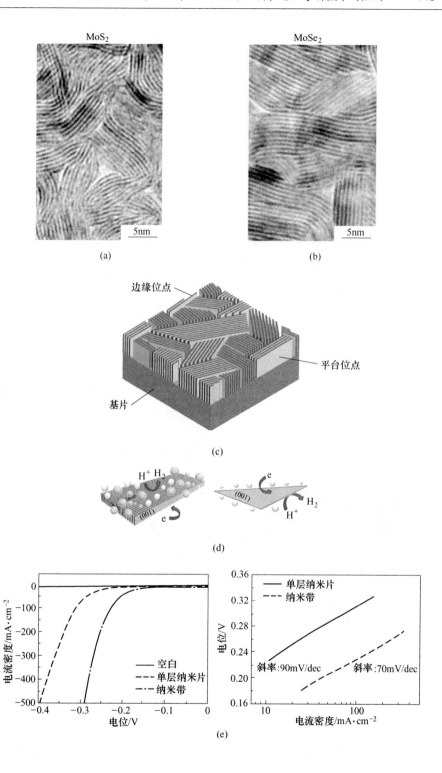

MoS₂

MoSe₂

5nm

5nm

(a)

(b)

边缘位点

平台位点

基片

(c)

H⁺ H₂

e

(001)

e

(001)

H₂

H⁺

(d)

(e)

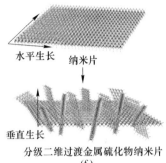

图 6.6　MoS₂ 和 MoSe₂ 薄膜

（a），（b）TEM 图像；（c）结构示意图[26]；（d）纳米带和单层纳米片和电催化析氢机理图；

（e）单层纳米片、纳米带和裸玻碳电极的极化曲线及对应的塔菲尔斜率[27]；

（f）MoS₂ 和 WS₂ 的分级纳米片结构的生长原理示意图[28]

一定的催化性能，意味着晶界和 S 空位等缺陷也具有电催化析氢活性[31]。

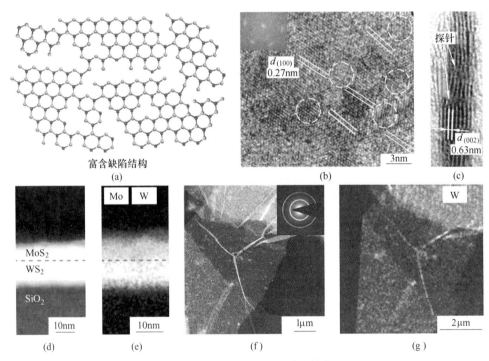

图 6.7　富含缺陷的 MoS₂ 纳米结构

（a）示意图；（b），（c）HRTEM 图像[29]；（d）MoS₂/WS₂ 异质结横截面的 TEM 图像；

（e）MoS₂/WS₂ 异质横截面的 EDS 图像；（f）MoS₂/WS₂ 异质结平面的 TEM 图像；

（g）MoS₂/WS₂ 异质结平面的 W 元素的 EDS 图像[31]

虽然 2H 相 MoS₂ 和 WS₂ 的片层边缘具有活性催化位点，但是活性边缘仍旧分布较少，将片层晶体结构惰性基面（0001）中的原子激活，使其具有催化活性，也是增加活性位点、提高其电催化活性的重要方法。2015 年，包信和课题组通过单金属原子掺杂，实现了 MoS_2 平面内 S 原子电催化活性的激活[32]。如图 6.8（a）和（b）所示，以单 Pt 原子对 MoS_2 纳米片进行掺杂，形成 $Pt-MoS_2$。计算表明，在此过程中，MoS_2 平面内的 S 原子的 ΔG_H 由大于 1eV 减小到约 0eV，使 MoS_2 平面具有了催化活性，如图 6.8（c）所示。2016 年，Jens K. Nørskov 课题组通过在单层 $2H-MoS_2$ 中同时引入 S 空位和应力，也实现了平面原子的活性激活[33]。单独的 S 空位和拉伸应力都能使 MoS_2 基面的 ΔG_H 减小，两者的共同作用就可以使其减小为零。如图 6.8（d）~（f）所示，在实验中，通过控制 Au 纳米的引入，使 MoS_2 薄膜的应力增大 0.35%，通过调节 Ar 等离子体处理时间，在其平面内形成了 12.5% 的 S 空位，得到的材料具有较好的电催化析氢活性，其塔菲尔斜率为 60mV/dec。

除上述方法外，通过将材料非晶化来得到不饱和配位原子，进而得到更多的活性位点，也是提升材料电催化析氢性能的一个途径。李美仙课题组通过超声处理得到直径为 1.5nm 的非晶 MoS_x 纳米颗粒，表现出较好的电催化析氢性能，其塔菲尔斜率为 69mV/dec[34]。通过复合，制备具有活性的晶界，也是得到更多活性位点的一个方法，Yu Shuhong 团队通过溶剂热方法，在 $CoSe_2$ 纳米带表面生长 MoS_2 纳米片，发现两种材料的接触晶界具有超高的电催化析氢活性。催化活性的提高主要来源于 Co 能够将 MoS_2 边缘不饱和 S 原子的 ΔG_H 从 0.18eV 降低到 0.10eV，得到的复合材料析氢过电位仅为 11 mV，塔菲尔斜率为 36mV/dec[35]。

6.3.2.2 导电性的提高

由电催化析氢的反应机理可知，电催化过程涉及大量的电子转移，因此，电催化材料高的电子传导性对高效催化过程至关重要。常用的提高催化剂材料导电性的方法有复合法、晶相的调节等。

将二维过渡金属二硫化物与高导电性材料进行复合，为电子提供快速传输通道，是提高催化材料导电性最直接的方法。2011 年，如图 6.9 所示，Dai Hongjie 课题组通过溶剂热方法合成了 MoS_2/rGO 复合材料。得到的材料用于电催化析氢时，析氢过电位得到了有效降低，塔菲尔斜率为 41mV/dec[36]。2014 年，Qiao Shizhang 课题组通过水热法和电沉积法两步过程，得到了 MoS_2 与氮掺杂石墨烯的复合材料，该材料也具备高效的电催化析氢特性[37]。Huang 课题组[38] 以及 Shin 课题组[39] 均运用水热法制备了具有高效析氢能力的 WS_2/rGO 复合材料。Huang 课题组以氯金酸为前驱物，将 Au 纳米颗粒修饰到 WS_2 纳米片上，也得到了具有高催化活性的 WS_2/Au 复合材料[40]。Ge Xingbo 课题组以多孔纳米金为载

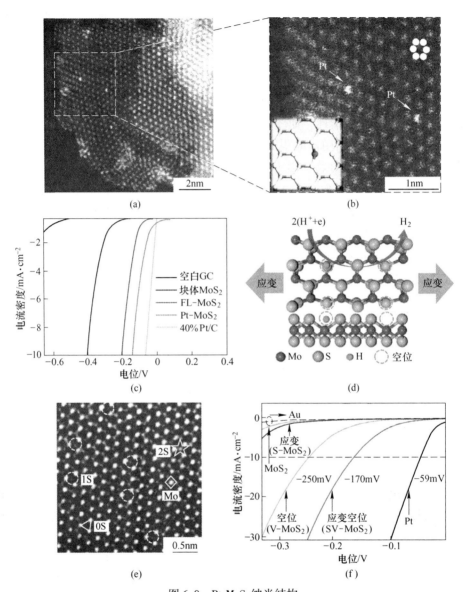

图 6.8　Pt-MoS$_2$纳米结构

（a），（b）STEM 图像；（c）极化曲线；（b）中插图为其模拟构型图[32]；
（d）MoS$_2$基面中引入应力和 S 空位后的示意图；（e）Ar 等离子体处理后 MoS$_2$的 ACTEM 图像；
（f）MoS$_2$基面中引入应力和 S 空位后的极化曲线[33]

体，将 MoS$_2$ 与其进行复合。多孔纳米金具有导电性高、比表面积大、化学稳定性好等特点，极大地提高了 MoS$_2$的电催化析氢效果[41]。

将二维过渡金属硫化物与高导电基底材料进行复合，在提高材料导电性的同

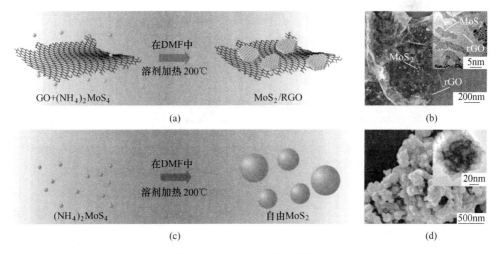

图 6.9　MoS₂/rGO 复合材料

（a）溶剂热法合成 MoS₂/rGO 复合材料示意图；（b）MoS₂/rGO 复合材料的 SEM 和 TEM（内置图）图像；
（c）无 rGO 存在条件下，合成大尺寸无定型 MoS₂ 纳米颗粒示意图；（d）无定型 MoS₂ 纳米
颗粒的 SEM 和 TEM（插图）图像[36]

时，还可以有更多的活性位点暴露，进一步提高其电催化析氢活性。Jaramillo 团队利用 CVD 和后续高温硫化过程，在 MoO₃ 基底上垂直生长了 MoS₂ 纳米线阵列结构。在该复合结构中，MoO₃ 可以提高导电性，而 MoS₂ 纳米线阵列则能够暴露出更多活性位点，极大提高材料的催化性能[42]。Kim 课题组用相似的思路，在氮掺杂碳纳米管阵列结构表面生长 MoS₂，在提高材料导电性的同时，得到了具有较多活性位点暴露的高性能催化材料[43]。Chen[44] 和 Lin[45] 课题组分别以石墨烯包覆的 3D 镍网结构为基底，通过 CVD 过程在其上生长 MoS₂ 纳米片，如图 6.10 所示。所得材料的电催化性能有了极大提升，主要得益于基底对材料导电性的提高及纳米片结构较多的活性位点暴露。

　　由于金属原子与硫原子的堆叠方式不同，二维金属硫化物通常表现出不同的晶体结构。比如：1T、2H 以及 3R 三种晶型，其中 2H 是其稳定相，是一种间接带隙半导体，导电性较差；而其亚稳态 1T 相则表现出金属性，其导电性比 2H 相高约 10^7 倍，也是一种高催化活性材料；因此调节、控制硫化物的晶相，得到高导电性的 1T 相，也是制备高析氢催化活性材料的有效策略[46]。2013 年，Jin Song 课题组利用 Li⁺ 插层剥离的方法，将 2H-MoS₂ 转化为 1T 金属相 MoS₂ 纳米片结构，展现出了更好的电催化析氢活性，其超电势为 187mV，塔菲尔斜率为 43mV/dec[47]。Yang Xiurong 课题组利用表面活性剂辅助液相剥离得到了 WS₂ 量子点，实验证明 1T-WS₂ 比 2H-WS₂ 具有更高的电催化活性[48]。2013 年，Chhowalla 课题组同样通过 Li⁺ 插层剥离的方法得到了 1T-MoS₂ 纳米片，并进一步

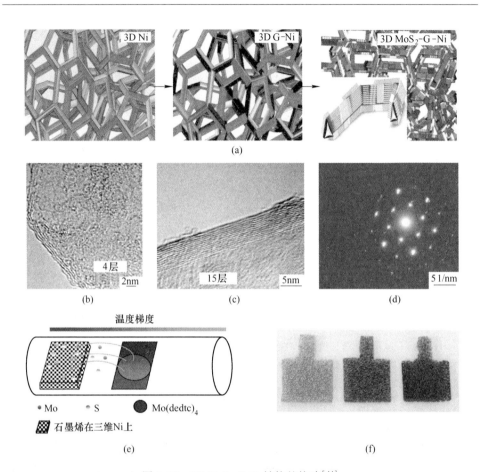

图 6.10   3D MoS₂-G-Ni 结构的构建[44]

（a）3D MoS₂-G-Ni 的合成过程：3D Ni 基底（左图），3D Ni 上生长石墨烯（中），3D MoS₂-G-Ni 的
形成（右）；（b），（c）4 层和 15 层石墨烯的 HRTEM 图像；（d）石墨烯的 SAED 图像；（e）在
管式炉中的化学合成机理示意图；（f）原始的 3D Ni 基底（左图）照片，3D 石墨烯-
Ni（中图）照片，3D MoS₂-石墨烯-Ni（右图）照片

研究了其活性位点分布与 2H 相的区别[49]。在该研究中，如图 6.11 所示，发现
1T-MoS₂ 的活性位点不仅在边缘有分布，其表面和底面均为活性晶面，而 2H 相
则只分布在边缘。该工作为 1T 相金属硫化物的电催化析氢研究提供了理论参考，
随后出现了大量关于 1T 金属相硫化物在电催化析氢中的应用研究。

利用 Li⁺ 插层剥离方法[47,49] 制备的 1T-MoS₂ 中，1T-MoS₂ 的含量约为 50%，
因此关于 1T-MoS₂ 在电催化析氢方面的研究，重要的一个方面就是提升所制备材
料中 1T 相的浓度。Voiry 团队在无溶剂条件下，利用 LiBH₄ 对 MoS₂ 块体材料进行
插层，制备了 1T 相浓度高达 80% 的电极材料[50]。由于较高的 1T 相浓度进一步
增强了催化过程中的电子转移动力学，在测试中，析氢过电位为 100 mV，塔菲

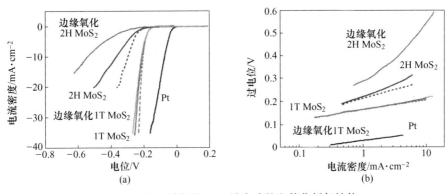

图 6.11　插层剥离的 MoS$_2$ 纳米片的电催化析氢性能

（a）1T 和 2H 相 MoS$_2$ 纳米片边缘被氧化前后的极化曲线对比；

（b）极化曲线对应的塔菲尔数据曲线，虚线为 iR 校准后的曲线[49]

尔斜率为 40mV/dec。Liu 等人将丙酸引入水热反应体系，也获得了高 1T 相浓度的 MoS$_2$ 材料，有效提升了其电催化析氢性能[51]。Wang 等人通过将 NH$_4$HCO$_3$ 引入水热反应体系，利用前驱液分解工程中产生的离子和小分子对 MoS$_2$ 材料进行插层剥离，在合适的温度（200℃）下，制备了高 1T 相浓度的 MoS$_2$ 材料[52]。该材料在电催化析氢过程中，塔菲尔斜率为 46mV/dec，展现出了高的电催化活性。另外，将 1T-MoS$_2$ 与其他半导体材料进行复合，构建异质结结构，也可以提升其电催化析氢性能。将 1T-MoS$_2$ 与 TiO$_2$ 纳米管和 Si 掺杂的 TiO$_2$ 纳米管分别进行复合，得到的复合材料的塔菲尔斜率分别为 42mV/dec 和 38mV/dec，展现了极好的电催化析氢活性[53]。

6.3.2.3　其他方法

除了上述两大类方法之外，研究人员还通过其他一些方法来提高金属硫化物的电催化析氢活性。

如图 6.12（a）所示，Sun 课题组通过构建电极材料的"超疏气"表面来提高 MoS$_2$ 的催化性能[54]。在电催化析氢过程中，阴极会产生大量的氢气，产生的氢气会附着在催化剂表面，阻碍电催化过程的继续进行。在该研究中，如图 6.12（b）～（e）所示，通过水热法制备尺寸 200nm、厚度为 5nm 的纳米片阵列结构，该结构具有较低的气泡附着力，产生的气体能够快速地离开电极表面，极大地促进了其电催化性能[55]。

还有一个研究热点是通过调控二维过渡金属二硫化物的层间距来提高其电催化析氢活性。扩展的层间距可以改变 MoS$_2$ 催化活性位点的电子结构，加速其质子/电子吸附以及氢气的析出过程，使材料中的层状结构具有类似独立单层结构

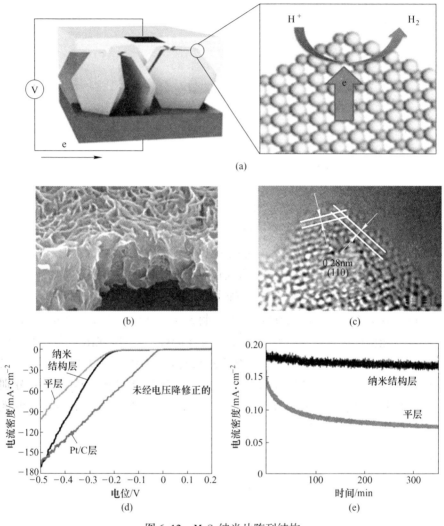

图 6.12　MoS₂ 纳米片阵列结构

（a）基于 MoS₂ 纳米片阵列结构的电极示意图；（b）MoS₂ 纳米片阵列结构的 SEM 图；

（c）MoS₂ 纳米片阵列结构的 HRTEM 图；（d）制备电极、Pt/C 催化剂以及平板电极的极化曲线；

（e）基于 MoS₂ 纳米片阵列结构的电极和平板电极的稳定性测试[54]

的电催化析氢活性。相关的 DFT 计算结果表明，如图 6.13（a）所示，当把 MoS₂ 纳米片的层间距从初始的 0.62nm 扩展至 0.95nm 时，其 ΔG_H 值可以降低 0.149 eV，达到 0.052eV，对电催化析氢过程非常有利[56]。如图 6.13（b）所示，Sun 课题组通过微波辅助的溶剂热方法，在 190~260℃ 的温度区间内，制备了层间距为 0.94nm 的 MoS₂ 纳米结构。在最佳反应温度（240℃）条件下，制备的材料具有很好的电催化析氢活性，过电位为 103mV，塔菲尔斜率为 49mV/dec，如图 6.13（c）和（d）所示，并具有较好的稳定性[57]。Wang 课题组通过水热方法制备了由扩层纳米片组成的微米花状 MoS$_2$，纳米片由于 NH$_4^+$ 的层间嵌入，层间距可达 0.96nm。NH$_4^+$ 的层间嵌入可以很好地提高材料的导电性，使该材料表现出较好的电催化析氢活性，塔菲尔斜率为 45mV/dec[58]。层间距为 0.98nm 的 MoS$_{2x}$Se$_{2(1-x)}$ 纳米管[59] 以及层间距为 1.18nm 的纳米片[60] 等均具有很高的电催化析氢活性。

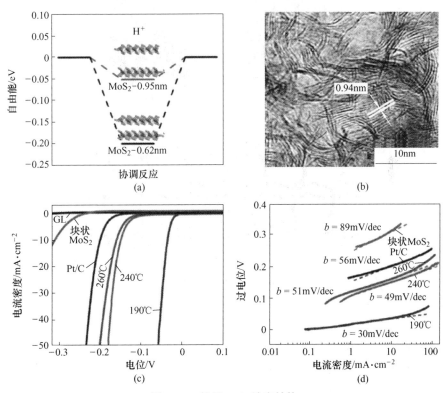

图 6.13　扩层 MoS$_2$ 纳米结构

（a）MoS$_2$ 层间距为 0.62nm 和 0.95nm 时表面的 ΔG_H 值[56]；（b）微波辅助溶剂热法制备的扩层 MoS$_2$ 纳米结构的 HRTEM 图像；（c），（d）不同温度条件下制备的扩层 MoS$_2$ 及商品化 Pt/C 的电催化析氢极化曲线和对应的塔菲尔曲线

6.3.3　其他过渡金属二硫化物在电催化析氢中的应用

6.3.3.1　铁、钴、镍二硫化物

第一周期过渡金属硫族化合物（MX$_2$，此处 M 为 Fe、Co、Ni，X 为 S、Se）

具有立方相方铁矿型的结构（见图 6.14），也是一系列高效的电催化析氢催化剂[61]。另外，该系列材料是由第一周期过渡金属与硫族元素组成，在地球上储量丰富，价格低廉，具有较大的市场应用前景[61,62]。其中，FeS_2、CoS_2 和 NiS_2 是最普通，也是研究最广泛的。

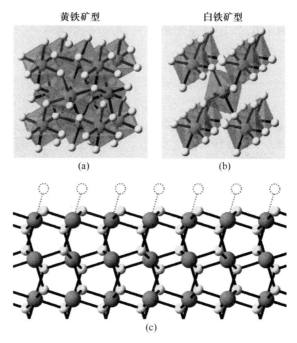

图 6.14 FeS_2 的两种构型

（a）FeS_2 的黄铁矿型结构示意图；（b）FeS_2 的白铁矿型结构示意图；

（c）稳定非极性黄铁矿（100）晶面侧面示意图[61]

2013 年，崔屹课题组首先报道了该系列硫属化物的高效电催化析氢活性，如图 6.15 所示，该类材料在酸性介质中具有很好的催化稳定性[61]。在研究中制备的 $C/CoSe_2$ 核壳结构纳米颗粒，也表现出了很高的电催化析氢活性，对硫属化合物进行双金属化有助于进一步提高其析氢反应催化活性。Jin Song 课题组同样也发现了方铁矿型过渡金属硫族化合物（FeS_2、CoS_2、NiS_2 及它们的复合材料）都具有良好的电催化析氢活性，同时也是聚合硫还原的电催化剂[62]。另外，Anna Ivanovskaya 课题组还研究了 CoS_2、NiS_2 以及 $Co_{0.4}Ru_{0.6}S_2$、$Ni_{0.6}Ru_{0.4}S_2$ 等多元体系在 HBr 酸性溶液中的电催化析氢活性[63]。

崔屹课题组利用两步法，首先在碳纸上生长一薄层氧化钴纳米颗粒，然后通过硒化，得到了基于 $CoSe_2$ 和碳纸的三维析氢电极。该电极在酸性电解质中展现出了优异的析氢催化活性，电流密度达到 $100mA/cm^2$ 只需要 $180mV$ 的过电压，

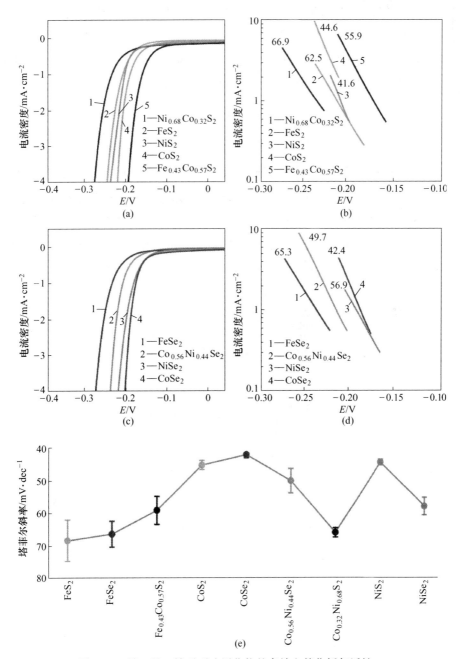

图 6.15　铁、钴、镍系列硫属化物的高效电催化析氢活性

（a），（b）Fe、Co、Ni 基二硫化物薄膜电催化析氢的塔菲尔曲线及对应的塔菲尔图；

（c），（d）Fe、Co、Ni 基二硒化物薄膜电催化析氢的塔菲尔曲线及对应的塔菲尔图；

（e）Fe、Co、Ni 基硫属化物薄膜电催化析氢塔菲尔斜率总结[61]

该电极还表现出了极好的稳定性[64]。俞书宏课题组则利用简单的溶剂热和高温退火方法，在 $CoSe_2$ 纳米带上负载了 Ni/NiO 纳米颗粒。得到的复合材料表现出了极高的催化活性，电催化析氢过电位为 30 mV，塔菲尔斜率仅为 39mV/dec[65]。到目前为止，这种新型复合材料是酸性体系中最好的非铂催化剂之一。

6.3.3.2　钒二硫化物

VS_2 也是一种典型的二维层状硫属化合物，1T 金属相为其稳定相，导电性好，也具有较好的电催化析氢活性。2015 年，Lou Jun 课题组利用 CVD 方法制备了 $1T-VS_2$ 单晶纳米片，如图 6.16（a）所示，并研究了其电催化析氢活性[66]。如图 6.16（b）和（c）所示，在酸性体系中，$10mA/cm^2$ 电流密度时，过电位为 68mV，塔菲尔斜率为 34mV/dec，并具有好的稳定性。他们认为好的电催化析氢

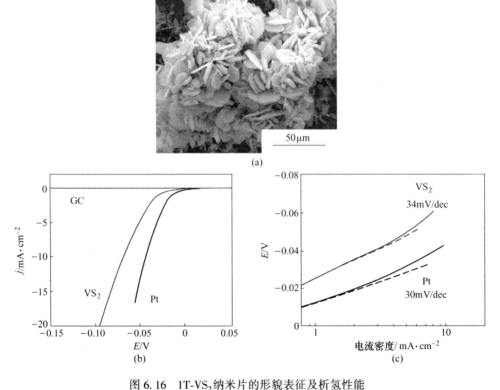

图 6.16　$1T-VS_2$ 纳米片的形貌表征及析氢性能

（a）CVD 方法制备的 $1T-VS_2$ 纳米片的 SEM 图像；（b）$1T-VS_2$ 纳米片 iR 修正后的极化曲线；（c）与极化曲线对应的塔菲尔曲线图[66]

活性主要来源于 VS$_2$ 基面和边缘的高活性位点以及材料本身的高导电性。2016 年，Pumera 课题组研究了 VS$_2$、VSe$_2$、VTe$_2$ 的块体和 Li$^+$ 插层剥脱的纳米结构的电催化析氢活性[67]。发现 VS$_2$、VSe$_2$、VTe$_2$ 材料均具有电催化活性，并且对于块状结构，三者的催化活性表现为 VTe$_2$>VSe$_2$>VS$_2$，但对于 Li$^+$ 插层剥脱的纳米结构，三者的催化活性则表现出相反的顺序，即 VS$_2$>VSe$_2$>VTe$_2$。他们认为主要是因为在 Li$^+$ 插层剥脱过程中，产生了钒氧化物和锂钒酸盐类物质，导致了活性位点的减少和材料导电性的降低，影响了剥脱材料的电催化性能。Wang 课题组利用水热方法，在碳纸基底上垂直生长了致密的 VS$_2$ 纳米片结构，在酸性体系中表现出了较好的电催化析氢活性[68]。在 10mA/cm^2 的电流密度下，过电位为 42mV，塔菲尔斜率为 36mV/dec。作者认为好的催化活性主要来源于 VS$_2$ 与基底的直接接触加速了电子传导，同时阵列结构表面有利于氢气气泡的逸出。

总之，二维过渡金属二硫化物在电化学催化析氢催化剂中具有很大的应用潜力。研究人员主要从增加活性位点以及提高材料导电性两大方面去提高其催化性能，近期关于 1T 金属相以及层间距的调控是研究的热点。在多数情况下，所制备材料电催化析氢性能的提升并不只受单一因素的影响，通常是多方面共同作用的结果。在逐步提升已知高催化活性的二维过渡金属二硫化物的性能的同时，探究发现新型的高催化活性的二维过渡金属二硫化物也是非常必要的。由于过渡金属二硫属化合物本身特殊的二维层状结构、固有的电催化析氢活性、良好的热稳定性以及低廉的价格，随着研究人员的不懈研究，其在氢能源的开发利用中将会起到重要作用。

参 考 文 献

［1］ Dresselhaus M S, Thomas I L, Alternative energy technologies ［J］. Nature, 2001, 414 (6861): 332~337.

［2］ Li Z S, Feng J Y, Yan S C, et al. Solar fuel production: Strategies and new opportunities with nanostructures ［J］. Nano Today, 2015, 10 (4): 468~486.

［3］ Laursen A B, Kegn S, Dahl S, et al. Molybdenum sulfides-efficient and viable materials for e-lectro- and photoelectrocatalytic hydrogen evolution ［J］. Energy&Environmental Science, 2012, 5 (5): 5577~5591.

［4］ Walter M G, Warren E L, Mckone J R, et al. Solar water splitting cells ［J］. Chem. Rev., 2010, 110 (11): 6446~6473.

［5］ Ni M, Leung M K H, Leung D Y C, et al. A review and recent developments in photocatalytic water-splitting using TiO$_2$ for hydrogen production ［J］. Renewable and Sustainable Energy Reviews, 2007, 11 (3): 401~425.

［6］ Li Y, Wang H, Xie L, et al. MoS$_2$ nanoparticles grown on graphene: An advanced catalyst for the hydrogen evolution reaction [J]. Journal of the American Chemical Society, 2011, 133 (19): 7296~7299.

[7] Zhang J, Wang T, Pohl D, et al. Interface engineering of MoS$_2$/Ni$_3$S$_2$ heterostructures for highly enhanced electrochemical overall-water-splitting activity [J]. Angewandte Chemie, 2016, 128 (23): 6814~6819.

[8] Krstajić N, Popović M, Grgur B, et al. On the kinetics of the hydrogen evolution reaction on nickel in alkaline solution: Part I. The mechanism [J]. Journal of electroanalytical chemistry, 2001, 512 (1): 16~26.

[9] Cheng Y, Niu L. Mechanism for hydrogen evolution reaction on pipeline steel in near-neutral pH solution [J]. Electrochemistry Communications, 2007, 9 (4): 558~562.

[10] Gao X, Zhang H, Li Q, et al. Hierarchical NiCo$_2$O$_4$ hollow microcuboids as bifunctional electrocatalysts for overall water-splitting [J]. Angewandte Chemie International Edition, 2016, 55 (21): 6290~6294.

[11] Navarro R M, Sánchez-Sánchez M C, Alvarez-Galvan M C, et al. Hydrogen production from renewable sources: biomass and photocatalytic opportunities [J]. Energy Environ. Sci. 2009, 2: 35~54.

[12] Zou X, Zhang Y. Noble metal-free hydrogen evolution catalysts for water splitting [J]. Chem. Soc. Rev. , 2015, 44: 5148~5180.

[13] Morales-Guio C G, Stern L A, Hu X L. Nanostructured hydrotreating catalysts for electrochemical hydrogen evolution [J]. Chem. Soc. Rev. 2014, 43: 6555~6569.

[14] Zeng M, Li Y G. Recent advances in heterogeneous electrocatalysts for the hydrogen evolution reaction [J]. J. Mate. Chem. A, 2015, 3: 14942~14962.

[15] Yang J, Shin H S. Recent advances in layered transition metal dichalcogenides for hydrogen evolution reaction [J]. J. Mater. Chem. A, 2014, 2: 5979~5985.

[16] Fletcher S. Tafel slopes from first principles [J]. Journal of Solid State Electrochemistry, 2009, 13 (4): 537~549.

[17] Bockris J O'M, Potter E C. The mechanism of the cathodic hydrogen evolution reaction [J]. Journal of the Electrochemical Society, 1952, 99 (4): 169~186.

[18] Lu Q, Hutchings G S, Yu W T, et al. Highly porous non-precious bimetallic electrocatalysts for efficient hydrogen evolution [J]. Nat. Commun. , 2015, 6: 6567.

[19] Tributsch H, Bennett J C. Electrochemistry and photochemistry of MoS$_2$ layer crystals [J]. Journal of Electroanalytical Chemistry and Interfacial Electrochemistry, 1977, 81 (1): 97~111.

[20] Yan Y, Xia B Y, Xu Z, et al. Recent development of molybdenum sulfides as advanced electrocatalysts for hydrogen evolution reaction [J]. ACS Catal. , 2014, 4 (6): 1693~1705.

[21] Hinnemann B, Moses P G, Bonde J, et al. Biomimetic hydrogen evolution: MoS$_2$ nanoparticles as catalyst for hydrogen evolution [J]. Journal of the American Chemical Society, 2005, 127 (15): 5308~5309.

[22] Jaramillo T F, Jergensen K P, Bonde J, et al. Identification of active edge sites for electro-

chemical H_2 evolution from MoS_2 nanocatalysts [J]. Science, 2007, 317 (5834): 100~102.

[23] Kibsgaard J, Chen Z, Reinecke B N, et al. Engineering the surface structure of MoS_2 to preferentially expose active edge sites for electrocatalysis [J]. Nature Materials, 2012, 11 (11): 963~969.

[24] Cheng L, Huang W, Gong Q, et al. Ultrathin WS_2 nanoflakes as a high-performance electrocatalyst for the hydrogen evolution reaction [J]. Angewandte Chemie International Edision, 2014, 53 (30): 7860~7863.

[25] Lin J, Peng Z, Wang G, et al. Enhanced electrocatalysis for hydrogen evolution reactions from WS_2 nanoribbons [J]. Advanced Energy Materials, 2014, 4 (10): 1066~1070.

[26] Kong D S, Wang H T, Cha J J, et al. Synthesis of MoS_2 and $MoSe_2$ films with vertically alignedlayers [J]. Nano Lett., 2013, 13 (3): 1341~1347.

[27] Lei Y, Hao H, Qi F, et al. Single-crystal atomic-layered molybdenum disulfide nanobelts with high surface activity [J]. Acs Nano, 2015, 9 (6): 6478~6483.

[28] Zhang J, Liu S H, Liang H W, et al. Hierarchical transition-metal dichalcogenide nanosheets for enhanced electrocatalytic hydrogen evolution [J]. Adv. Mater., 2015, 27: 7426~7431.

[29] Xie J F, Zhang H, Li S, et al. Defect-rich MoS_2 ultrathin nanosheets with additional active edge sites for enhanced electrocatalytic hydrogen evolution [J]. Adv. Mater., 2013, 25 (40): 5807~5813.

[30] Ye G L, Gong Y J, Lin J H, et al. Defects engineered monolayer MoS_2 for improved hydrogen evolution reaction [J]. Nano Lett., 2016, 16 (2): 1097~1103.

[31] Woods J M, Jung Y, Xie Y J, et al. One-step synthesis of MoS_2/WS_2 layered heterostructures and catalytic activity of defective transition metal dichalcogenide films [J]. ACS Nano, 2016, 10 (2): 2004~2009.

[32] Deng J, Li H B, Xiao J P, et al. Triggering the electrocatalytic hydrogen evolution activity of the inert two-dimensional MoS_2 surface via single-atom metal doping [J]. Energy Environ. Sci., 2015, 8 (5): 1594~1601.

[33] Li H, Tsai C, Koh A L, et al. Activating and optimizing MoS_2 basal planes for hydrogen evolution through the formation of strained sulphur vacancies [J]. Nature Materials, 2016, 15: 48~53.

[34] Li D J, Maiti U N, Lim J, et al. Molybdenum sulfide/N-doped CNT forest hybrid catalysts for high-performance hydrogen evolution reaction [J]. Nano Lett, 2014, 14 (3): 1228~1233.

[35] Gao M R, Liang J X, Zheng Y R, et al. An efficient molybdenum disulfide/cobalt diselenide hybrid catalyst for electrochemical hydrogen generation [J]. Nature Communications, 2015, 6: 5982.

[36] Li Y, Wang H, Xie L, et al. MoS_2 nanoparticles grown on graphene: an advanced catalyst for the hydrogen evolution reaction [J]. Journal of the American Chemical Society, 2011, 133 (19): 7296~7299.

[37] Chen S, Duan J, Tang Y, et al. Molybdenum sulfide clusters-nitrogen-doped graphene hybrid hydrogel film as an efficient three-dimensional hydrogen evolution electrocatalyst [J]. Nano Energy, 2015, 11: 11~18.

[38] Zhang J, Wang Q, Wang L, et al. Layer-controllable WS$_2$-reduced graphene oxide hybrid nanosheets with high electrocatalytic activity for hydrogen evolution [J]. Nanoscale, 2015, 7 (23): 10391~10397.

[39] Yang J, Voiry D, Ahn S J, et al. Two-dimensional hybrid nanosheets of tungsten disulfide and reduced graphene oxide as catalysts for enhanced hydrogen evolution[J]. Angew. Chem. Int. Ed. , 2013, 52: 13751~13754.

[40] Kim J, Byun S, Smith A J, et al. Enhanced electrocatalytic properties of transition-metal dichalcogenides sheets by spontaneous gold nanoparticle decoration [J]. J. Phys. Chem. Lett. , 2013, 4 (8): 1227~1232.

[41] Ge X B, Chen L Y, Zhang L, et al. Nanoporous metal enhanced catalytic activities of amorphous molybdenum sulfide for high-efficiency hydrogen production [J]. Advanced Materials, 2014, 26 (19): 3100~3104.

[42] Chen Z, Cummins D, Reinecke B N, et al. Core-shell MoO$_3$-MoS$_2$ nanowires for hydrogen evolution: a functional design for electrocatalytic materials [J] . Nano Letters, 2011, 11 (10): 4168~4175.

[43] Li D J, Maiti U N, Lim J, et al. Molybdenum sulfide/N-doped CNT forest hybrid catalysts for high-performance hydrogen evolution reaction [J]. Nano Letters, 2014, 14 (3): 1228~1233.

[44] Geng X, Wu W, Li N, et al. Three-dimensional structures of MoS$_2$ nanosheets with ultrahigh hydrogen evolution reaction in water reduction [J]. Advanced Functional Materials, 2014, 24 (39): 6123~6129.

[45] Chang Y H, Lin C T, Chen T Y, et al. Highly efficient electrocatalytic hydrogen production by MoS$_x$ grown on graphene-protected 3D Ni foams [J]. Advanced Materials, 2013, 25 (5): 756~760.

[46] Yang J, Shin H S, Recent advances in layered transition metal dichalcogenides for hydrogen evolutionreaction [J]. J. Mater. Chem. A, 2014, 2: 5979~5985.

[47] Lukowski M A, Daniel A S, Meng F, et al. Enhanced hydrogen evolution catalysis from chemically exfoliated metallic MoS$_2$ nanosheets [J]. Journal of the American Chemical Society, 2013, 135 (28): 10274~10277.

[48] Zhao X, Ma X, Sun J, et al. Enhanced catalytic activities of surfactant-assisted exfoliated WS$_2$ nanodots for hydrogen evolution [J]. ACS Nano, 2016, 10 (2): 2159~2166.

[49] Voiry D, Salehi M, Silva R, et al. Conducting MoS$_2$ Nanosheets as Catalysts for Hydrogen EvolutionReaction [J]. Nano Letters, 2013, 13 (12): 6222~6227.

[50] Eftekhari A. Electrocatalysts for hydrogen evolution reaction [J] International Journal of Hydrogen Energy, 2017, 42 (16): 11053~11077.

[51] Liu Z, Gao Z, Liu Y, et al. Heterogeneous nanostructure based on 1T-Phase MoS$_2$ for en-

hanced electrocatalytic hydrogen evolution [J]. ACS Appl. Mater. Interfaces, 2017, 9 (30): 25291~25297.

[52] Bai S, Wang L M, Chen X Y, et al. Chemically exfoliated metallic MoS_2 nanosheets: A promising supporting co-catalyst for enhancing the photocatalytic performance of TiO_2 nanocrystals [J]. Nano Res., 2014, 8 (1): 175~183.

[53] He H Y, Efficient hydrogen evolution activity of $1T$-MoS_2/Si-doped TiO_2 nanotube hybrids [J]. Int. J. Hydrogen Energy, 2017, 42 (32): 20739~20748.

[54] Lu Z, Zhu W, Yu X, et al. Ultrahigh hydrogen evolution performance of under-water "superaerophobic" MoS_2 nanostructured electrodes [J]. Advanced Materials, 2014, 26 (17): 2683~2687.

[55] Vest C E. Tests of a sputtered MoS_2 lubricant film in various environments [J]. Lubrication Engineering, 1976, 34 (1): 31~36.

[56] Tang Y J, Wang Y, Wang X L, et al. Molybdenum disulfide/nitrogen-doped reduced graphene oxide nanocomposite with enlarged interlayer spacing for electrocatalytic hydrogen evolution [J]. Adv. Energy Mater., 2016, 6: 1600116.

[57] Gao M R, Chan M K, Sun Y. Edge-terminated molybdenum disulfide with a 9.4 Å interlayer spacing for electrochemical hydrogen production [J]. Nat. Commun., 2015, 6: 7493.

[58] Wu Z, Tang C, Zhou P, et al. Enhanced hydrogen evolution catalysis from osmotically swollen ammoniated MoS_2 [J]. J. Mater. Chem. A, 2015, 3: 13050~13056.

[59] Zhang J, Wu M H, Shi Z T, et al. Composition and interface engineering of alloyed $MoS_{2x}Se_{2(1-x)}$ nanotubes for enhanced hydrogen evolution reaction activity [J]. Small, 2016, 12 (32): 4379~4385.

[60] Geng X, Sun W, Wu W, et al. Pure and stable metallic phase molybdenum disulfide nanosheets for hydrogen evolution reaction [J]. Nat. Commun., 2016, 7: 10672.

[61] Kong D, Cha J J, Wang H, et al. First-row transition metal dichalcogenide catalysts for hydrogen evolution reaction [J]. Energy Environ. Sci., 2013, 6 (12): 3553~3558.

[62] Faber M S, Lukowski M A, Ding Q, et al. Earth-Abundant metal pyrites (FeS_2, CoS_2, NiS_2, and their alloys) for highly efficient hydrogen evolution and polysulfide reduction electrocatalysis [J]. J. Phys. Chem. C, 2014, 118 (37): 21347~21356.

[63] Ivanovskaya A, Singh N, Liu R F, et al. Transition metal sullwde hydrogen evolution catalysts for hydrobromic acid electrolysis [J]. Langmuir, 2012, 29 (1): 480~492.

[64] Kong D, Wang H, Lu Z, et al. $CoSe_2$ nanoparticles grown on carbon fiber paper: an efficient and stable electrocatalyst for hydrogen evolution reaction [J]. J. Am. Chem. Soc., 2014, 136 (13): 4897~4900.

[65] Xu Y F, Gao M R, Zheng Y R, et al. Nickel/nickel (II) oxide nanoparticles anchored onto cobalt (IV) diselenide nanobelts for the electrochemical production of hydrogen [J]. Angew. Chem. Int. Ed., 2013, 52 (33): 8546~8550.

[66] Yuan J, Wu J, Hardy W J, et al. Facile synthesis of single crystal vanadium disulfide

nanosheets by chemical vapor deposition for efficient hydrogen evolution reaction [J]. Adv. Mater. , 2015, 27: 5605~5609.

[67] Wang Y, Sofer Z, Luxa J, et al. Lithium exfoliated vanadium dichalcogenides (VS$_2$, VSe$_2$, VTe$_2$) exhibit dramatically different properties from their bulk counterparts [J]. Adv. Mater. Interfaces, 2016, 1600433.

[68] Liang H, Shi H, Zhang D, et al. Solution growth of vertical VS$_2$ nanoplate arrays for electrocatalytic hydrogen evolution [J]. Chem. Mater. , 2016, 28 (16): 5587~5591.